会吃的女人最美丽

邓亚军　周宁　主编

辽宁科学技术出版社
·沈阳·

本书编委会
主　编　邓亚军　周　宁
编　委　廖名迪　谭阳春　宋敏姣　贺梦瑶　李玉栋

图书在版编目（CIP）数据

会吃的女人最美丽 / 邓亚军，周宁主编. -- 沈阳：辽宁科学技术出版社，2013.2
ISBN 978-7-5381-7844-9

Ⅰ. ①会… Ⅱ. ①邓… ②周… Ⅲ. ①女性—美容—食谱 Ⅳ. ① TS972.164

中国版本图书馆 CIP 数据核字（2013）第 010060 号

如有图书质量问题，请电话联系：湖南攀辰图书发行有限公司
地址：长沙市车站北路 236 号芙蓉国土局 B 栋 1401 室
邮编：410000
网址：www.penqen.cn
电话：0731-82276692　82276693

出版发行：辽宁科学技术出版社
（地址：沈阳市和平区十一纬路 29 号　邮编：110003）
印 刷 者：长沙市永生彩印有限公司
经 销 者：各地新华书店
幅面尺寸：185mm × 210mm
印　　张：7
字　　数：140 千字
出版时间：2013 年 2 月第 1 版
印刷时间：2013 年 2 月第 1 次印刷
责任编辑：郭　莹　攀　辰
封面设计：多米诺设计 · 咨询　吴颖辉
版式设计：攀辰图书
责任校对：合　力

书　　号：ISBN 978-7-5381-7844-9
定　　价：26.80 元
联系电话：024-23284376
邮购热线：024-23284502
淘宝商城：http：//lkjcbs.tmall.com
E-mail：lnkjc@126.com
http：//www.lnkj.com.cn
本书网址：www.lnkj.cn/uri.sh/7844

前言 Preface

随着营养学的概念普及，现代美容的观念逐渐从“外理”向“内调”转变。同样年龄和生活环境的人，注意肌肤保养与不注重肌肤保养的在肌肤上的表现有5～10岁的差别。现代人的健康意识强烈，因此，营养美容也就成为了一种既新潮又科学的美容方式。正所谓“云想衣裳花想容，姝丽常存驻颜梦，内调外理俏之本，掀起营养美容风”。

本书根据不同人群的不同美容需求，结合现代女性的职业特点，分别从职业女性的营养需求、女性的不同美容需求和不同年龄、不同状态下如何营养饮食几个方面出发，用直白的营养食谱制作方法和营养分析来阐述女性朋友如何营养饮食，如何吃出好状态，如何吃出好容颜。并针对不同肌肤问题进行营养剖析，用最简洁的语言来阐述复杂的营养关系，可操作性强，也更加适用于现代女性。

本书在编写的过程中，得到了众多专家与营养界专业人士的支持与指导，在这里表示衷心的感谢！也希望广大读者朋友能提出更多的意见和建议，以便在今后的书籍编写中得以修正和提高。

邓亚军

Contents
目录

>>

第1章

吃出神采奕奕

——好气色，靠营养

一、补铁，精力充沛的保障

大家都知道，女性容易贫血，贫血的女性常常面色苍白且四肢乏力。造成贫血的原因有两个，一方面是女性吃肉食较少，而铁元素普遍存在于肉类食物中，因此杜绝肉类食物的女性尤其容易贫血。另一方面是女性每个月都要“失血”，大量的铁质随着经血流失，铁是血液中的血红蛋白的构成物，而血红蛋白是氧气的运输载体，如果缺铁就会贫血，贫血就会缺氧而乏力，这就是为什么女性的精力不如男性旺盛的原因。

既然我们已经知道原因了，那么应该怎么补铁呢？第一，要多吃高铁食物。富含铁的食物有动物血、肝脏、芝麻酱等，饮食中多吃这些高铁食物；第二，要补充维生素 C，维生素 C 可以促进铁的吸收；第三，适当地吃肉，在肉类中有一种特殊的因子也可促使铁的吸收率提高。

所以，只要找对了原因再吃对营养，对于女性的精力补充就大有裨益。当血液中的铁充足了，面色自然就红润，这样才能精神百倍地面对我们每日的工作。

接下来，我们就来给各位列举一些日常的补铁食谱。

【荠菜蒸鹅蛋】

[材料]

荠菜、鹅蛋、肉松、食用油、香油、食盐、木耳。

[制作方法]

1. 荠菜与木耳洗净切成末。
2. 鹅蛋打散，加入清水继续搅匀，放蒸锅蒸 5 ~ 8 分钟。
3. 将食用油放入锅内，油热后下荠菜末和木耳末大火炒熟，再放入香油和食盐。
4. 将炒好的荠菜木耳末淋入蒸好的鹅蛋羹上，撒上肉松即可。

营养分析 >>

这是一道“另类”的补铁食品，鹅蛋是蛋类中含铁量最高的，木耳是菌藻类中含铁最高的食物，荠菜在蔬菜中含铁量也算佼佼者，同时荠菜中含丰富的维生素 C 可促进铁的吸收，一举两得。

温馨提示 >>

1. 在选用肉松的时候可参照食物成分表，不同的肉松含铁量不一样，作为补铁之用就需选铁含量高的肉松。2. 这是一道低热补铁食物，胆固醇含量低，最适合女性朋友补铁之用。

【蒜苗炒猪肝】

[材料]

蒜苗、猪肝、食用油、香辣酱、水淀粉、食盐。

[制作方法]

1. 蒜苗斜切成1cm长的段。
2. 猪肝洗净切成薄片，拌入香辣酱和水淀粉并用手抓匀。
3. 将食用油放入锅中，待油热后投入猪肝片大火爆炒。
4. 再加入蒜苗段爆炒，撒入食盐炒匀即可出锅。

营养分析 >>

猪肝中的含铁量极高，比猪血还要高出3倍，并且还含有丰富的维生素A，可预防夜盲症。蒜苗中的维生素C含量非常高，每100g蒜苗中维生素C的含量高达35mg，维生素C可促进铁的吸收，有抗氧化、防止肌肤粗糙和美白肌肤的作用，是地道的美容食品。

温馨提示 >>

猪肝中的胆固醇含量较高，患者有高血压、肥胖症、冠心病及高血脂的人要少食。

【芝麻酱红糖肉】

[材料]

芝麻酱、五花肉、食用油、红糖。

[制作方法]

1. 五花肉洗净煮熟切成薄片。
2. 红糖用热水化成汁。
3. 放少许食用油在锅中，待油热后投入切好的五花肉片大火爆炒，下入芝麻酱和红糖汁翻炒几下，出锅即可。

营养分析 >>

芝麻酱是“四高”食品：高钙、高铁、高蛋白和高亚油酸。它能预防缺铁性贫血，可润肠通便。红糖与五花肉中也有一定的含铁量，红糖更是传统的补血佳品。

温馨提示 >>

芝麻酱红糖肉是高热食品，计划减肥的女性朋友不能常吃。

【紫菜肉末饼】

[材料]

紫菜、猪里脊肉、猪肝、面粉、青豌豆、鸡蛋、食用油、食盐。

[制作方法]

1. 紫菜洗净用刀切碎，鸡蛋打散。
2. 猪里脊肉剁成末，猪肝煮熟捻成末。
3. 用清水把面粉调匀，再把肉末、猪肝末和紫菜、鸡蛋、青豌豆以及食盐放进去拌匀。
4. 将食用油放入平底锅内，待油热后把调好的面粉放进去摊成薄饼，至两面成金黄色即可关火，盛出用刀切成块就可食用。

营养分析 >>

紫菜味道鲜美，富含铁、钙、磷、锌以及维生素 A、B 族维生素，具有清肺热、散瘿瘤、降低胆固醇之功效，其中所含的胆碱具有改善记忆力的作用。猪肝是高铁食物，猪里脊肉与豌豆、鸡蛋中均含有铁元素，紫菜肉末饼松脆可口，用来补铁补血是很好的菜肴，也是美味的点心。

温馨提示 >>

若紫菜在凉水浸泡后呈蓝紫色，说明在包装前已被有毒物质污染，这种紫菜对人体有害不能食用。

二、高镁食物赶走疲劳

镁是矿物质中的“无名英雄”，它是多种酶的催化剂，是骨细胞结构和功能的必需元素，也是甲状腺功能的保障因素，它具有镇静神经和肌肉的作用，能影响能量代谢，可将肌肉中的碳水化合物转化为能量。当人体的镁离子浓度降低，可阻止 DNA 的合成与细胞生长，蛋白质的合成利用减少，血浆白蛋白和免疫球蛋白含量降低。所以，镁在人体所发挥的巨大作用是显而易见的，而女性每日镁摄取量低于 280mg 就会感到疲乏、烦躁。

镁之所以功能大名气小，是因为取材方便，含镁的食物很丰富，而肾脏又具有良好的保护镁的功能，所以，人体不容易缺镁，镁也这样默默无闻地为我们的身体做着巨大贡献。

人体所需的镁大部分来自于食物，女性比男性容易缺镁。一来是因为女性食量不大，还有很多热衷于“控食减肥”的女性吃得少更容易缺镁。二是那些肠胃吸收功能不好或者肾脏功能不好的人都容易缺镁。

从食物中补充镁，无须担心“补过量”的问题，镁的代谢途径很多：肠、肾、甲状旁腺等均能调节镁的代谢，从食物中摄取的镁的量也不会太大，所以，一般不会发生镁过多症。

【三果沙拉】

[材料]

苹果、火龙果、圣女果、沙拉酱。

[制作方法]

1. 苹果洗净去皮切成小块。
2. 火龙果洗净去皮切成小块。
3. 圣女果洗净。
4. 把所有水果装入盘内，倒入沙拉酱拌匀即可。

营养分析 >>

苹果形、质、色、香、味具佳，富含糖类、镁、磷、铁、钾，还含有苹果酸、果胶、B族维生素，它具有健胃润肺、消食顺气、安神除疲的功效。火龙果和圣女果都是高镁食物，在工作间隙补充点这几种水果，对于缓解身心疲劳和提高工作效率有很大的辅助作用。

温馨提示 >>

饭后立即吃苹果不但不会助消化，反而会造成胀气和便秘。沙拉酱含脂肪较多，不能拌入太多。

【蒜蓉蚕豆】

[材料]

蚕豆、蒜蓉、陈醋、花椒油、食用油、食盐。

[制作方法]

1. 蚕豆洗净。
2. 上锅注入清水大火烧开，下入蚕豆煮熟捞出待用。
3. 把煮熟的蚕豆装入盘中，放入蒜蓉、陈醋和花椒油。
4. 上锅将锅烧热，倒入食用油待油热至七成时下入食盐，倒入盘中即可。

营养分析 >>

蚕豆中含有调节大脑和神经组织的重要成分钙、锌、锰、磷脂等，并含有丰富的胆石碱，有增强记忆力的健脑作用，中医认为蚕豆还具有健脾益气和祛湿壮骨等功效。

温馨提示 >>

蚕豆嫩者宜作蔬菜味极鲜美，老者宜煮食或做糕，但蚕豆不宜生食。

【豌豆肉末】

[材料]

豌豆、火腿、猪瘦肉、食用油、香辣酱、水淀粉、食盐。

[制作方法]

1. 鲜豌豆洗净。
2. 火腿切成粒。
3. 猪瘦肉洗净剁成末，再拌入香辣酱和水淀粉。
4. 将食用油放入锅内，待油热后倒入拌好的肉末大火翻炒捞出。
5. 下入豌豆，注入适量的清水，大火烧至水干豌豆熟，下入火腿粒和炒好的肉末翻炒几下，再放入食盐即可。

营养分析 >>

豌豆营养丰富，含有镁、糖类、粗纤维、植物凝集素、胡萝卜素，还含有丰富的蛋白质。它具有和中益气、解毒通乳之功效，可驱走疲劳、提神养身。

温馨提示 >>

消化不良者不宜食用豌豆。

【清白肉丝】

[材料]

韭菜薹、猪瘦肉、绿豆芽、食用油、香辣酱、水淀粉、食盐。

[制作方法]

1. 韭菜薹洗净切成段，绿豆芽洗净。
2. 猪瘦肉洗净切成丝，拌入香辣酱和水淀粉（一定要用手抓到稠为止）。
3. 将食用油放入锅内，待油七成热时倒入拌好的瘦肉大火炒，炒好后捞出，下入韭菜薹段和绿豆芽大火翻炒，再下入食盐和炒好的肉丝翻炒几下出锅即可。

营养分析>>

韭菜薹特殊的香气可开胃健脾，其中含丰富的镁、铁、钙、维生素A和维生素B_1等。韭菜薹可祛寒散淤、滋阴壮阳，对于妇女行经小腹冷痛都有功效，尤其是韭菜薹中的镁可以提神，所以说韭菜薹是专门为白领女性准备的食物，既可调节身体又可缓解神经疲劳。

温馨提示>>

韭菜以春天的为最好。

【鲜板栗炖鸡】

[材料]

鲜板栗、母鸡、生姜、食盐。

[制作方法]

1. 鲜板栗洗净，生姜拍烂。
2. 母鸡洗净剁成大块。
3. 上锅将锅大火烧红，倒入板栗翻炒至表皮裂开，捞出剥去外壳。
4. 上砂锅注入清水，放入鸡肉块大火烧开，再撇去表面的浮沫。
5. 放入生姜和板栗，改小火慢炖至汤白有浓香，放入食盐即可。

营养分析>>

板栗素有“千果之王”的美称，含丰富的镁、钙、钾和维生素C、膳食纤维，可强筋活血、提神健身、养胃健脾、补肾养颜。

温馨提示>>

板栗难以消化，不宜多食，否则会引起胃饱胀。

三、嗜睡乏力，小心缺钾

钾是人体必需的常量元素，有维持神经肌肉正常功能的作用。体内缺钾往往会让人感觉全身乏力、萎靡不振、头昏眼花，精力和体力也会明显下降，缺钾还会影响肠胃功能，导致恶心呕吐。

现代白领热衷于咖啡、酒精等饮料，也容易造成钾缺乏。肠胃不好、经常腹泻的人也很容易缺钾。含钾的食物很多，只要注意日常饮食，就可以随时补充钾元素。荞麦、玉米、荸荠、香蕉、鳄梨都是钾元素的良好食物来源，平常可以注意多补充这些食物。

【海带丝拌西芹】

[材料]

海带、西芹、花生米、花椒油、香油、酱油、香醋、食盐。

[制作方法]

1. 海带浸泡好切成 3cm 长的丝，焯水放凉。
2. 西芹洗净去掉茎丝切片，焯水放凉。
3. 将海带丝与西芹片加花生米、食盐、香醋、酱油、花椒油和香油一起拌匀即可。

营养分析 >>

海带是大家最常见的补碘食品，除了补碘补钾，海带还可促进人体的钙吸收能力，减少脂肪在体内的存积。西芹也是高钾食物，富含蛋白质、维生素和矿物质，有镇静安神和消脂瘦身的作用。

温馨提示 >>

海带丝和西芹是补钾的佳品，同时也是减肥瘦身的最佳拍档，想要瘦身的白领们可以常吃。

四、能量是一切活动的原动力

能量是我们一切生命活动的燃料，人体体温维持、心脏跳动、血液循环、腺体激素分泌、呼吸和各营养物质运转都需要能量，能量缺乏会造成人体消瘦无力、面色苍白、器官功能减退。

很多女性为了身材苗条不敢多进食，其实，人体是有一个能量调节记忆功能的，如果长期进食少，人体基础代谢就会降低，能量消耗也同样降低。吃得少虽然人体摄取的能量少了，但是代谢的能量也跟着少了，还会因为进食太少而缺乏多种营养素，影响机体功能。很多“节食减肥”迟迟不见效果的原因，抱怨“喝水都能长胖”的女性懂得了这个道理就可以解惑了，节食减肥是不可行的。

很多女性都说自己是“虚胖”，一边肥胖着一边乏力着，就好比我们守着一座煤山却还在挨冻。我们身上有那么多的脂肪燃料，怎么样才能让这些燃料燃烧起来转化为能量，让我们一边享受着苗条一边享受着旺盛的精力呢？其实，能量的消耗与摄取要达到一个平衡状态，除了要加强锻炼以消耗能量之外，食用一些可促进能量代谢的食物也是非常有必要的。

【水煮鱼片】

[材料]

草鱼、豆芽、干红辣椒、花椒粒、姜、葱、蒜、食用油、生粉、料酒、豆瓣、辣椒粉、酱油、白糖、鸡蛋清、胡椒粉、食盐。

[制作方法]

1. 将草鱼杀好洗净，剁下头尾。
2. 将鱼脊背竖剖，然后沿着鱼骨向两边剔出鱼肉并片成鱼片。
3. 将剩下的鱼排剁成块。
4. 将鱼片用少许食盐、料酒、生粉和鸡蛋清用手抓匀腌 15 分钟（头尾及鱼排用同样的方法腌渍）。
5. 豆芽洗净待用。
6. 锅中放食用油，油热后放入 3 大匙豆瓣煸香。
7. 再加姜、蒜、葱、花椒粒、辣椒粉及干红辣椒煸炒。
8. 加入鱼头尾及鱼排炒匀，再加料酒和酱油、胡椒粉、白糖继续翻炒。
9. 锅中加热水，水开后放豆芽，再将腌好的鱼片一片一片地放入锅中，拨散，3 分钟后即可关火。
10. 在另一个锅中放油，油热后放入大量的花椒粒及干红辣椒，待辣椒块变色后关火，继续用筷子搅拌，待花椒及辣椒味进入油中后，连油带辣椒花椒一起倒进鱼片锅中。

营养分析 >>

草鱼中含有大量容易代谢的不饱和脂肪酸，是喜欢荤食又怕胖的朋友的最佳选择，水煮鱼片中放有大量的辣椒，辣椒中有辣椒素，可促进能量代谢、燃烧脂肪。

温馨提示 >>

溃疡患者应少吃辣椒。

五、吃出好睡眠、好气色

《黄帝内经》中说“胃不和则卧不安”，睡眠的好坏跟食物的关系非常大。胃肠积热、气滞留，就会严重影响到睡眠质量。夜间应少食用辛辣、易产生气体的食物，更不能食用含有咖啡因等兴奋成分的食物，以免夜里胃肠不适，久久不能入睡。同时，人体内缺乏维生素 B_6 和褪黑激素，也会引发失眠。

营养学家发现，有一些营养物质可以安神，起到镇定作用，对促进睡眠有很大的作用，比如色氨酸，可促进大脑神经细胞分泌出 5- 羟色胺，这种物质可使人尽快入睡，被誉为“天然的安眠药”。还有一些食物中含有鸦片类肽，可解除疲劳让人感到全身舒适，从而促进睡眠提高睡眠质量。色氨酸含量较高的食物有牛奶、黄豆、小米、黄米、紫菜、海带等，尤其是牛奶中含有上述两种促进睡眠的物质，安眠效果更明显。

【麻香豆腐渣】

[材料]

豆腐渣、葱、食盐、味精、食用油、花椒、干辣椒。

[制作方法]

1. 豆腐渣放入盆中，上蒸锅蒸熟。
2. 热锅中放食用油，油七成热时放入花椒与干辣椒，10 秒钟后关火，油稍冷滤出花椒和辣椒。
3. 继续开火，将豆腐渣倒入辣椒油中翻炒，再放入食盐、葱和味精炒匀即可。

营养分析 >>

豆腐渣蛋白质含量丰富，其中色氨酸含量非常高，有助于安神助眠。豆腐渣又很少含脂肪，膳食纤维素含量高，容易产生饱腹感，又可促进消化和排遗，是相当好的美容食品。

>>

第2章 吃出气定神闲

—— 优雅女人应该这样吃

一、心情不好怎么吃

很多人只将心情与心理因素和外界环境相关联，其实我们的食物对情绪的影响也是非常大的。古人也曾经对食物与情绪的关联做出过描述，“人之当食，须去烦恼”，讲的是人们要以愉悦的心情面对食物，才能更好地消化吸收食物中的营养，相反，食物中的某些营养素也会影响我们的情绪，它们是互相作用相辅相成的。

我们先来看看哪些营养素能对人的情绪产生影响：

不易消化的营养素——大家都有这么一个感觉，刚吃完饭后什么都不想做，昏昏欲睡而且提不起精神来。尤其是吃完大鱼大肉之后，这种感觉更加强烈。这是为什么呢？因为我们吃完饭后，消化系统开始了忙碌的消化工作，这时候大量的血液供应在消化道，而导致大脑缺血而缺氧，于是出现了头晕脑涨、昏昏欲睡的感觉。为了最大程度的避免这种状况，第一，刚吃完饭后需要休息一会儿，把更多的氧分“让”给消化道，此时与消化道抢氧，会导致消化不良。第二，不能吃得太饱，过饱会增加消化道负担。第三，不能吃过多不易消化的食物，否则增加消化道负担，还耽误我们大脑的工作。

B 族维生素——我们把 B 族维生素称为神经维生素，B 族维生素对于我们的神经系统影响非常大。缺乏维生素 B_1 让人脾气暴躁，神经过敏且喜怒无常，酒精会干扰维生素 B_1 的吸收，因此，常喝酒应酬的人都很难以性情平和。缺乏维生素 B_6 容易让人兴奋不已，还可能头痛急躁，久之精神抑郁。缺乏维生素 B_{12} 会烦躁不安，精神不集中，同时造成平衡能力和记忆力减退。

铁、锌、钙、磷——缺铁会导致贫血、困倦无力、情绪不稳、急躁易怒等。缺锌会导致注意力不集中、多噩梦、厌食。缺钙会导致人精神恍惚、失魂落魄、心情压抑。缺磷会使人精神错乱、厌食乏力。

抗氧化剂——维生素 C、硒等抗氧化剂可提高机体免疫力。抗氧化能力强，人就感到神清气爽、上下通透。若体内垃圾过多，便觉得浑身不适、身体沉重。

【虾皮麦片粥】

[材料]

虾皮、麦片、紫菜、食盐。

[制作方法]

1. 将虾皮和紫菜切碎，麦片用开水泡发。
2. 锅中放清水，将麦片、虾皮和紫菜放入焖煮 10 分钟。
3. 加食盐搅匀即可出锅。

营养分析 >>

脾气暴躁的人多缺钙和 B 族维生素，因此，在虾皮麦片粥中，我们选用了高钙的虾皮和 B 族维生素丰富的麦片。

温馨提示 >>

麦片应该选择形状完全的原麦片，有一些打碎的麦片中混合了其他细粮以增加口感，这种“麦片”中的 B 族维生素含量很少。

【酸奶核桃水果沙拉】

[材料]

酸奶、鲜核桃仁、蓝莓、樱桃、葡萄柚、沙棘、金橘、葡萄、山楂、桂圆、荔枝、红橘、橙子。

[制作方法]

将各时令水果去皮去核切块，与酸奶、核桃仁搅匀，即成为璀璨斑斓的酸奶水果沙拉。

营养分析 >>

核桃中含有丰富的 Ω-3 脂肪酸，这是维持大脑细胞正常工作和神经传递必不可少的物质。酸奶中的优质钙、磷让我们轻松甩掉烦恼，愉快地工作和生活。沙拉中的水果均选用常见的含维生素 C 丰富的水果，可保护大脑不受自由基的侵害，改善记忆力。

温馨提示 >>

沙拉中水果的选择，可根据各地不同的品种和季节来选择其中的几种进行搭配。

二、吃掉职场压力

职场无男女，工作无性别。职场中的女性承受着与男人一样的压力，而受到生理条件和社会环境的影响，女性的职场压力甚至比男性更大。很多女性白领经常失眠、焦躁易怒、精神紧张，巨大的压力造成新陈代谢加快，体内热量和维生素消耗过大。因此，要缓解压力增强职业自信心，除了心态的调节，合理的饮食也可以带来很大的帮助。

压力过大应该吃什么呢？首先，需要补充维生素，维生素 C 和维生素 E 具有抗氧化和清除自由基的作用，B 族维生素具有维护神经系统的正常功能的作用；其次，需要补充能量和蛋白质，脑力劳动本身消耗的热量不高，但是如果在重压之下进行脑力劳动，肌肉随着神经高度紧张，消耗的热量也不小。蛋白质中的色氨酸进入大脑后可提高神经介质血清的水平，具有镇静、缓解紧张的作用。如果工作压力大，在食物中就需要增加高蛋白食物；第三，是补充碘和钾，缺碘会造成精神紧张，缺钾会让精力不集中。高压之下如果缺碘缺钾，会让工作效率降低，造成更大的压力从而形成恶性循环。因此，职场中的女性要学会吃好，适当地释放压力。

【芹菜炒腐竹】

[材料]

芹菜、蒜苗、腐竹、食用油、花椒、香辣酱、鸡精、食盐。

[制作方法]

1. 芹菜洗净切成段，蒜苗洗净切成段，腐竹泡发切成段。
2. 将食用油放入锅内，待油热后下入花椒和蒜苗头（白）炒香。
3. 下入腐竹段大火翻炒，再下入芹菜段和香辣酱大火爆炒。
4. 加入鸡精、蒜苗（青）和食盐再翻炒几下即可出锅。

营养分析 >>

芹菜中含有一种碱性物质，可以起到镇定安神、缓解疲劳的作用。同时，芹菜也是高纤维低热量蔬菜，可帮助消脂瘦身。腐竹属于豆制品，富含蛋白质和钙质，尤其是腐竹中色氨酸含量很高（每100g 腐竹中约含色氨酸 620mg），可有效缓解压力。

温馨提示 >>

芹菜叶比芹菜茎的营养价值更高，食用的时候不要丢弃。

【香蕉银耳羹】

[材料]

干银耳、鲜百合、香蕉、枸杞子、冰糖。

[制作方法]

1. 干银耳泡发后拣去老蒂及杂质，然后撕成小朵。
2. 鲜百合洗净掰成瓣。
3. 香蕉去皮切为小片，枸杞子洗净。
4. 将所有材料放入砂锅中，加冰糖和清水熬炖 2 小时。

营养分析 >>

香蕉中含钾丰富，钾是人体必需的常量元素，直接作用于大脑神经，缺钾便会出现精力不济的状态。银耳中的维生素 D 可有效防止钙流失，间接起到补钙安神的作用。同时银耳还含有丰富的硒元素，抗氧化能力极强，可有效保护大脑细胞。

温馨提示 >>

银耳羹的制作比较耗时，因为熬制到汤汁浓稠口感才能达到最佳，要达到这个要求一般需要好几个小时。

【海带竹笋排骨煲】

[材料]

海带、竹笋、排骨、香菇、食盐、生姜、蒜瓣、料酒、醋、酱油、食用油。

[制作方法]

1. 海带泡发洗净，切 2 ~ 3cm 长的段。竹笋洗净切片并焯水，香菇发泡洗净。
2. 生姜拍烂切碎，加上蒜瓣、料酒、酱油与排骨腌 20 分钟。
3. 锅中放少许食用油，将腌好的排骨及腌料放入翻炒 3 分钟，倒入炖锅中加入清水大火烧开，再加醋改文火炖。
4. 排骨六分熟时加竹笋和香菇继续小火炖至排骨烂熟。
5. 加海带和食盐继续炖 5 分钟即可出锅。

营养分析 >>

海带中的钾和磷含量都很丰富，对于压力很大的职场女性尤为适合，排骨中含有丰富的蛋白质、脂肪和钙质，可增加营养、提供热量，又可补充压力之下易缺的钙。排骨所含蛋白质中的色氨酸含量非常高，色氨酸具有镇静的功效，可缓解工作压力，消除疲劳。本菜品中还加入了香菇与竹笋，香菇可增强人体免疫力，而竹笋中大量的膳食纤维可促进消化、消食瘦身，竹笋能增强饱腹感，防止我们吃得过多而发胖。

温馨提示 >>

1. 汤中加醋，一可以去腥，二可以帮助排骨中的钙质析出。因为醋酸极易挥发，因此不必担心汤会变酸。2. 喜欢吃辣味的朋友可以在汤中加几个干辣椒，又是另外一番风味。

三、清除肠毒素，缓解紧张情绪

肠道和人一样，生命周期与生命质量受到它所在的生态环境影响。肠道环境好，体内无过多的毒素，那么我们整个人体便会觉得神清气爽。若体内毒素过多，肠道的正常生态环境受到污染，那人就会感觉到紧张乏力、昏昏沉沉、精力不济。

女性朋友一般都从事轻体力劳动，而白领更是一坐就是一天，很容易发生积食和消化不良等现象。特别是现在生活条件好，油脂摄入量高，这些油腻容易粘附在肠壁中，不仅阻碍营养物质的吸收，还可产生很多毒素。专家发现，人体 80% 的毒素隐藏在肠道内，这些毒素若不及时排出体外，会被肠道 2 次吸收进入血液系统，危害人体的健康，因此肠道排毒工作，是我们生活中必不可少的功课。

肠道毒素的清理，运用日常饮食调理就可以轻松达到，常吃高纤维食物，如木耳、薏苡仁、芹菜等，可促进肠胃蠕动。常吃果胶丰富的食物，如苹果、香蕉等，可帮助毒素凝固成大便，及时排出体外。常吃肠道补充益生菌，如酸奶，可帮助食物消化，预防积食，消除宿便隐患。

【海带拌木耳】

[材料]

海带、木耳、花椒油、香油、食盐、葱花。

[制作方法]

1. 海带泡发洗净，切成3cm长的段。木耳泡发去蒂，洗净撕成片。
2. 将海带和木耳上蒸锅蒸5分钟，控干水并凉凉。
3. 海带、木耳加花椒油、香油和食盐、葱花一起拌匀即可。

营养分析>>

海带属于碱性食物，富含的碘可促进血液中甘油三酸酯的代谢，有助于润肠通便，同时海带也属于高纤维、低热量的食物，能加强肠道蠕动，促进排便排毒。黑木耳是著名的排毒专家，其中所含的植物胶质有很强的吸附能力，可将各类杂质吸附到粪便中排出体外，起到清洁洗涤肠道的作用。

温馨提示>>

为避免海带和木耳中的矿物质流失，在制作凉拌菜的时候，最好用蒸的方式将海带和木耳蒸熟，而不用焯水的方式。

【红豆薏苡仁粥】

[材料]

红豆、薏苡仁、大米、蜂蜜。

[制作方法]

1. 红豆、薏苡仁和大米洗净浸泡5小时。
2. 锅中放水，水开后将红豆、薏苡仁和大米连同发泡的水一起倒入。
3. 待红豆、薏苡仁熬至烂熟后关火，粥凉后加入蜂蜜拌匀即可。

营养分析>>

红豆具有清热解毒、通气除烦等功能，薏苡仁被誉为“世界禾本科植物之王”，含有丰富的纤维素，可帮助食物消化，防止积食。蜂蜜也具有润肠作用，同时对肝脏也有保护作用，能促进肝脏的解毒功能。红豆、薏苡仁在蜂蜜的共同作用下，排毒功能十分强大。

温馨提示>>

蜂蜜必须在粥凉后加入，以免高温破坏掉其中的活性成分，高温也会破坏掉其中特殊的风味。

【荷兰豆炒魔芋】

[材料]

魔芋丝、荷兰豆、食盐、香醋、小红辣椒、橄榄油。

[制作方法]

1. 荷兰豆摘去茎丝，小红辣椒竖切成两半。
2. 锅中加水，水中加香醋和食盐，将魔芋丝放进锅中煮开 5 分钟左右。
3. 捞出魔芋丝沥干水分。
4. 热锅中加橄榄油，再放入荷兰豆和红辣椒煸炒 1 分钟。
5. 倒入魔芋丝继续爆炒 3 分钟，再加食盐炒匀即可。

营养分析 >>

魔芋口感细嫩，具有低热量、低脂肪和高纤维的营养特点。其富含束水凝胶纤维，能减轻肠胃压力，魔芋中的葡甘露聚糖，可以在肠壁形成保护膜，清除肠壁废物，魔芋的这些特点让它具有降血压、降胆固醇和减肥的功效。荷兰豆含有丰富的维生素 C，具有抗氧化作用。荷兰豆中还含有一种特殊的植物凝素，有抗菌消炎和增强新陈代谢的功能。魔芋与荷兰豆均是高纤维食物，搭配在一起清肠防便秘的作用更强。

温馨提示 >>

生魔芋有毒，必须经过处理后才可食用。我们在市场上购买的“魔芋豆腐”是经过处理后的魔芋，在食用时只需焯水祛除其中的碱味即可食用，焯水后的魔芋也更劲道，口感更好。

第3章 吃出女性智慧

——做聪明女人

一、女性应该如何补脑

职场女性压力大，因为女性特殊的细腻和敏感，事事力求周全，用脑程度比职场男性更甚，因此，职场女性补脑就是一门必不可少的功课。女性对补脑有着特殊的要求，一要求热量要低，二要求消化吸收较容易，三要求对我们的肌肤容颜无损。

大脑需要哪些营养呢？脂肪、蛋白质、碳水化合物、矿物质、维生素缺一不可，因此，我们补脑不能光盯着那些昂贵的高蛋白和高脂肪食品。脂肪和蛋白质是构成大脑细胞的必要物质，而碳水化合物能为大脑提供能量。大脑细胞线粒体只能将碳水化合物转化为能量，因此，不吃主食就会导致碳水化合物缺乏，造成大脑能量供应不足，这一点要引起众多瘦身白领们的注意了，瘦身也必须要吃主食，否则会变成名副其实的“笨女人”。

现代饮食结构对于蛋白质和脂肪的需求基本是不缺的，但是结构不合理就常常造成必要的氨基酸和不饱和脂肪酸不足，因为现在大多数人对蔬菜和粗粮摄入较少，维生素容易缺乏。所以，现代女性补脑，有必要增加一些碳水化合物、不饱和脂肪酸、抗氧化成分以及安神助眠的食物。

女性补脑常见食物解析：

橄榄油：橄榄油被誉为“液体黄金”，对于女性来说应该是家中必备之物。原生橄榄油单不饱和脂肪酸的含量为80% 以上，必需的脂肪酸亚油酸和亚麻酸的比例为 1 ： 4，正好完全符合人体对于摄入脂肪的科学标准。橄榄油可以降低血脂和血糖的水平，减缓人体组织的衰老，增白护肤和保护头发，是人体多种器官必须的营养物质。人体对橄榄油的吸收值很高，可以直接涂抹在肌肤上，因此它也是一种非常好的美容产品。目前，市面上大力宣传的亚麻子油，因其营养成分容易受到高温破坏，只能用来凉拌而不能炒菜，在实际运用上受到的条件限制过多。

核桃：核桃中的很多成分都是对大脑有益的，核桃中含有可增强记忆的卵磷脂，对大脑神经有益的赖氨酸，核桃中的磷脂对脑神经有良好的保健作用。其实除了核桃，大多数果仁均有不同程度的补脑作用，比如杏仁、花生、开心果、芝麻等。

三文鱼：三文鱼中含有对神经系统具备保护作用的 Ω-3 脂肪酸，有助于加强脑部神经细胞活力，提高记忆力。丰富的不饱和脂肪酸还能有效降低血脂和血胆固醇，防治心血管疾病，增强脑功能防治老年痴呆。具有同样功效的食物还有鲈鱼、沙丁鱼、青鱼等。

刺梨：刺梨是南方常见的野生果，将刺梨作为补脑食品原因有 2 个，一是刺梨中的维生素 C 是普通蔬菜的几百倍，第二是刺梨中的超氧化物歧化酶（SOD）含量为食物中的佼佼者。这两种物质都有抗氧化清除自由基的作用。我们的大脑在日常运转中会产生对正常大脑细胞有攻击性的自由基，而 SOD 则是自由基的天敌，维生素 C 的抗氧化作用对清除自由基也有很大的帮助。具有同样功效的食物还有蓝莓、猕猴桃、芹菜、韭菜、黄瓜、菠萝等。

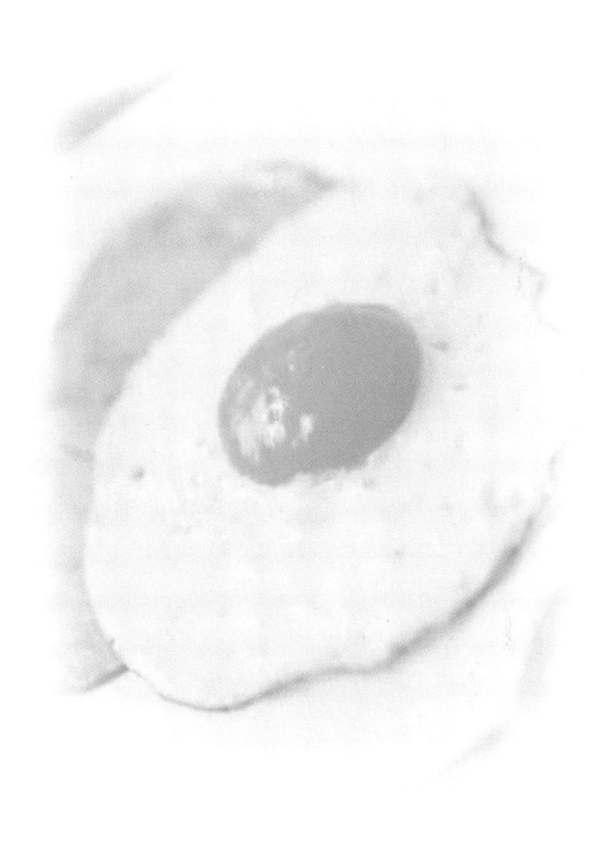

全麦面包：首先全麦面包中含有大量碳水化合物，可以为脑部神经系统活动提供充足的能量。其次全麦面包中含有充足的 B 族维生素，对于维护神经系统功能有很强的作用。有类似作用的食物还有糙米、大蒜（可增强维生素 B_1 的作用）。

鸡蛋：鸡蛋是最优良的蛋白质来源之一，含有人体所需要的氨基酸，而蛋黄除富含卵磷脂外，还含有丰富的钙、磷、铁以及维生素 A、维生素 D 等，特别适于脑力工作者食用。有类似作用的食物还有大豆及大豆制品。

西芹：西芹中的维生素能加强脑细胞蛋白质的功能，所含的挥发油能刺激人的整个神经系统，促进脑细胞兴奋，激发人的灵感和创新意识。有同样功效的还有荠菜、辣椒、豆苗等。

牛奶：牛奶中含有大量的色氨酸，可促进睡眠，帮助疲劳一天的脑神经细胞恢复功能。具有同样功效的还有小米、芝麻酱、面筋、虾米、核桃等。

二、三餐巧搭配，工作轻松应对

食谱举例1：

早餐：全麦面包2～3片、1杯牛奶、1个鸡蛋、1份凉拌小菜。

营养分析：全麦面包中含有丰富的B族维生素，B族维生素被誉为“神经维生素”，对于维持神经系统的功能有很大的作用，同时全麦面包中的碳水化合物能为上午繁重的工作提供大脑能量。牛奶能补充蛋白质和钙等营养素，鸡蛋能为大脑提供优质蛋白，更重要的是蛋黄中的卵磷脂是大脑细胞的重要构成物质，再加上一份含有丰富维生素的小菜，这样的早餐组合营养搭配均衡，热量不高，最适合白领女性。

午餐：清蒸鲈鱼、西芹炒百合、糙米饭1小碗。

营养分析：鲈鱼中含有大量的不饱和脂肪酸和丰富的蛋白质，尤其是其中的Ω-3脂肪酸可增强脑部活力。西芹中含丰富的维生素C，对于上午的一切生理活动中产生的自由基有阻击作用，糙米饭再补充一点碳水化合物和B族维生素，这份午餐算是一套营养丰富又可口的大餐了！

午后加餐：高钙饼干3～5片、猕猴桃1个、生黄瓜1根。

营养分析：现在的很多饼干都进行了营养加强，下午3～4点的时候，中午摄入的营养和能量也消耗得差不多了，应当适当补充一点能量和维生素，维生素C在体内存留的时间不长，因此，这时候补充是非常必要的。

晚饭：菠菜拌豆腐皮、奶香马铃薯泥、粥1小碗。

营养分析：在劳累了一天之后，需要补充身体营养，但是晚饭后很快就到了睡眠时间，所以，晚饭不可吃难以消化的高蛋白、高脂肪食物，高脂肪食物在夜间不容易代谢掉，也容易造成肥胖。菠菜中的维生素C含量很高，豆腐皮中也含有蛋白质、再加上粥中的碳水化合物和马铃薯中的矿物质和碳水化合物，这道晚餐的热量虽然很低，营养还是非常全面的。尤其是在夏季，白天出汗多，夜间更应该补充钾元素，而马铃薯中钾元素含量很高。

食谱举例 2：

早餐：红薯粥 1 小碗、煮鸡蛋 1 个、姜汁拌芹菜 1 份。

营养分析：红薯的营养素含量非常全面，不仅含有碳水化合物和蛋白质，还含有丰富的矿物质、维生素和膳食纤维，营养丰富又容易消化，既可以做菜又可以当做主食。少量的红薯和米饭，再搭配高蛋白的鸡蛋和维生素丰富的芹菜，清爽可口，又可满足半天的大脑营养需求。

午餐：上汤大白菜、蟹黄豆腐、芥蓝肉片、大米饭 1 小碗。

营养分析：大白菜因为便宜，一度被视为低等菜肴，实际上大白菜的营养非常丰富，维生素 C 含量非常高，而且大白菜还含有较高的钙和膳食纤维。豆腐中也含有丰富的钙，钙有镇定作用，缺钙会让人心神不宁，因此午餐中补充钙，会提高下午的工作效率。芥蓝味道鲜脆，属于营养价值非常高的甘蓝类蔬菜，其中每 100g 芥蓝中约含维生素 C500mg，还含有丰富的钙、镁、磷、钾等矿物质，都是大脑营养的有益补充。这套午餐搭配也属于低热食谱，不用担心会吃胖。

晚餐：清炒鱼丁、冬笋炒花菇、鸡汁萝卜片、米饭 1 小碗。

营养分析：鱼的脂肪含量很低，而且鱼类的脂肪都为不饱和脂肪酸，不饱和脂肪酸也是大脑所需营养。冬笋中的维生素含量很高，花菇含有 18 种氨基酸，其中 8 种人体不能直接合成的氨基酸，可帮助消化、提高人体免疫力，萝卜含有丰富的维生素 C 和锌，可增强机体的抗病能力，也为大脑提供丰富的营养和抗氧化物质。

三、职场应酬，吃个低热营养餐

1. 如何对待应酬中的酒饮料

职场应酬，饮酒是避免不了的。大家都知道酒精对身体的危害，尤其是对肝脏、肠胃黏膜和肌肤的损伤都很大。合理的饮酒也是一门应酬学问，在喝酒前不妨先点一道粗粮食物，粗粮中含有丰富的 B 族维生素，可帮助肝脏解酒毒。对于酒类的选择，尽量选择啤酒或红酒。啤酒中含有丰富的 B 族维生素，可减低酒精对身体的伤害，少量的红酒还有美容的作用。但是千万要记住，无论喝哪种酒都不要过量。尤其是女性朋友，喝酒过量不仅伤害身体还容易失态，影响应酬的效果。酒精会干扰维生素 B_1 的吸收，常喝酒的女性要注意多补充维生素 B_1。若喝酒过量，酒后要补充一些果蔬汁或蜂蜜水，可补充损失的水分，对醒酒也有很大的帮助。

2. 应酬一定要吃主食

一般职场应酬，都是最后才上主食，实际上这是非常不科学的吃法。最后吃主食，会导致在饥饿和食欲最强的时候摄入过多的高热量动物性食物，这样容易引起肥胖。如果先吃主食，既可减轻肠胃负担和控制血脂，还能减轻酒精对肠胃的伤害。

如果想要遵循应酬规则，又要遵循先吃主食的科学饮食原则，可以用一些比较健康的小吃来代替主食。很多餐厅都推出了“粗粮拼盘”，其中有红薯、玉米、芋头、马铃薯、花生等粮食类食物，既新颖又营养。

3. 职场应酬如何配餐

现在的女性由于工作需要，应酬饭也非常频繁。由于吃应酬饭非常讲究“面子”，时常会点一些高热量高脂肪的食物。这让想要苗条的女性非常犯难，虽然营养学中有“食物无贵贱”的观点，但是在交际应酬中这一点却行不通。那么，应该如何点一桌低热量高档次的营养餐呢？首先必不可少的是汤，现在很多餐厅都推出了养生汤，不仅热量低而且营养价值高，也比较能上得了台面。其次是“高档蔬菜”，俗话说“物以稀为贵”，越是稀缺的蔬菜就越是珍贵。为了减少热量的摄入，在蔬菜上我们可以选择山野菜等稀缺品种，这样就可以把“面子”给找回来了。最后在烹饪方法上尽量选择凉拌、清蒸和白灼的食物，这些烹饪方法用油量少，营养损失也小。对于煎炸食品尽量不要点，尤其要注意很多“假素菜”，材料虽为素材，但烹饪方法全是油煎油炸，这些素菜的热量比很多荤菜还要高。

【凉拌鱼腥草】

[材料]

鱼腥草、白糖、花椒油、鸡精、生抽、食盐。

[制作方法]

1. 鱼腥草浸泡后沥干水分，掐成小段备用。
2. 将白糖、花椒油、鸡精、生抽和食盐调成混合调味汁。
3. 将调味汁浇淋在鱼腥草上，充分拌匀即可。

营养分析 >>

鱼腥草属野菜类，是一种天然的绿色蔬菜，凉拌的鱼腥草清爽可口，脆嫩清香。它具有清热解毒、利尿消肿、治疗湿疹、增强免疫力的作用。鱼腥草中含有抗菌的鱼腥草素，可消灭多种病菌，还可增强白细胞的吞噬功能。

【竹笋鸡汤】

[材料]

竹笋、鸡、花椒、生姜、食盐。

[制作方法]

1. 鸡洗净剁块，焯水去除血水后捞出。
2. 竹笋去壳洗净后切成厚片，生姜洗净切片。
3. 另起锅放水烧开，下鸡块、姜片和花椒，小火烧 15 分钟。
4. 将竹笋片放入鸡汤内同煮至熟软，再放入食盐调味即可。

营养分析 >>

竹笋味道鲜美，含有丰富的优质植物蛋白、氨基酸、钙、磷、铁、胡萝卜素、维生素 B_1、维生素 B_2、维生素 C。竹笋微寒，具有清热化痰、益气和胃等功效，竹笋还具有低脂肪、低糖、多纤维的特点。常吃竹笋不仅能促进肠道蠕动、帮助消化，还能去积食防便秘，并有预防大肠癌的功效。竹林丛生之地的人们多长寿，且极少患高血压，这与经常吃竹笋有一定关系。

【清炒蛤蜊】

[材料]

蛤蜊、葱、姜末、花椒、干红辣椒、食用油、食盐。

[制作方法]

1. 先将蛤蜊和适量的花椒、葱、姜末放在一起在冷水锅中煮开，再用清水中洗几次，沥干水分。

2. 另起锅，放入食用油，待油八成热时放入葱、姜末，炒出香味，然后倒入蛤蜊翻炒，再加少许食盐和干红辣椒，翻炒几下出锅即可。

营养分析 >>

蛤蜊的肉质鲜美无比，被誉为“天下第一鲜”，具有高蛋白、低脂肪、低热量的特点，可滋阴润燥、利水消肿、降低血清胆固醇，防治慢性疾病。

第4章

吃出水嫩肌肤

——让肌肤留住青春

一、营养餐让肌肤从黯哑变通透

谁都希望自己的肌肤看起来光彩照人，但由于种种原因，我们的肌肤看起来十分黯沉不通透，肌肤失去了应有的光泽。

其实肌肤黯哑，第一个原因是角质层过厚，角质堆砌在肌肤表面无法自行脱落，日积月累便阻挡了肌肤的光泽，我们可以使用一些去角质的化妆品，通过去除部分角质来达到肌肤通透的目的。肌肤无光泽的第二个原因是肌肤缺水，水是生命之源，肌肤缺水便会让肌肤失去光泽，给肌肤补水我们要内外兼顾，除了给肌肤表面补水，还要通过身体内部给肌肤补水、锁水。除了多喝水，我们还要补充胶原蛋白，胶原蛋白是亲水物质，可提高肌肤的含水率并锁住水分，让肌肤润泽通透。还有一个令肌肤黯哑的原因便是血液循环不畅，导致肌肤营养缺乏，我们应该经常按摩肌肤，促进面部血液微循环，同时要多锻炼身体，也可提升肌肤的光泽度。

从中医的角度来讲，肺主皮毛，肺虚则皮黯，想要肌肤好，补肺也是我们需要做的功课。心主血，脾主运化、主血液运输。因此补心补脾，也是提升肌肤光泽的必要作业。

【豆腐脑】

[材料]

嫩豆腐、花生米、香醋、生抽、葱花、花椒油、食用油、食盐。

[制作方法]

1. 嫩豆腐1盒倒出放在容器里面。
2. 花生米洗净用淡盐水泡几分钟，捞出滤干水分。
3. 上锅注入清水放入蒸架，把嫩豆腐放入锅内，蒸热后用勺子搅烂。
4. 上铁锅将食用油放入锅内，待油热到七成时关火倒入花生米炸香，把炸好的花生米捞出放在菜板上用刀切碎。
5. 把香醋、生抽、花椒油和食盐倒在一起拌匀。
6. 把切好的花生米和葱花放在豆腐脑上面，倒入拌好的材料即可。

营养分析 >>

豆腐脑是豆浆的浓缩制品，含有丰富的钙质和抗氧化剂，可补虚润燥、清肺化痰，豆腐脑补肺虚则可补肌肤，让肌肤通透光亮。豆腐脑还含有植物雌激素——大豆异黄酮，可促进胶原和透明质酸合成，让肌肤白皙润泽光彩照人。

温馨提示 >>

豆腐脑有甜有咸，喜欢甜食的朋友还可以在豆腐脑中加姜汁和红糖调匀放凉了喝，别有一番风味。

【山药炖猪蹄】

[材料]

山药、猪蹄、生姜、花椒、葱花、食盐。

[制作方法]

1. 山药洗净去皮。
2. 猪蹄洗净剁成块，猪蹄一定去掉毛和蹄趾。
3. 生姜拍松。
4. 上锅大火把锅烧热，倒入猪蹄炒干水分捞出。
5. 将炒好的猪蹄倒入砂锅，注入适量的清水。
6. 放入拍好的生姜、花椒大火烧开，改小火慢炖。
7. 炖至汤白时倒入山药和食盐慢炖 20 分钟。
8. 装盛好之后撒上葱花即可。

营养分析 >>

猪蹄中的胶原蛋白含量很高，而脂肪含量又很少，口感细腻，是最常用的美容食品之一，猪蹄中还含有维生素 A、维生素 B、维生素 C 及钙、磷、铁等营养物质，尤其是猪蹄中的蛋白质水解后，所产生的胱氨酸、精氨酸等 11 种氨基酸之含量均与熊掌不相上下。山药可补肺益气，让肌肤光亮，其中含有丰富的维生素 C 和维生素 E，具有抗氧化作用，更重要的是山药中含有薯蓣皂素，可调节女性激素，让肌肤从内到外的靓丽。

温馨提示 >>

猪蹄中含有丰富的胶原蛋白，若用做补充胶原蛋白之用，须搭配维生素 C 片或维生素 C 含量高的蔬菜水果同食效果更佳。

【百合红枣汤】

[材料]

干百合、红枣、冰糖。

[制作方法]

1. 干百合用水洗净浸泡好，红枣洗净。
2. 上锅注入适量的清水，放入红枣和泡好的百合，连发泡的水一起倒进去，大火烧开。
3. 放入冰糖再改小火慢煮即可。

营养分析 >>

百合有滋补、安神、益胃、润肺、亮肤的作用，另外，百合还含有蛋白质、钙、磷、铁、维生素 B_1、维生素 B_2、维生素 C 等安神美白的营养素，尤其难得的是百合中含有多种生物碱可预防疾病。红枣是有名的活血补血佳品，女性常食红枣，可滋养身体、补心补脾、靓丽容颜。

温馨提示 >>

1. 可用蜂蜜代替冰糖。2. 风寒咳嗽不宜喝百合红枣汤。

【花生桂圆粥】

[材料]

花生米、桂圆、糯米、枸杞子、香油。

[制作方法]

1. 花生米洗净，枸杞子洗净，桂圆去壳。
2. 糯米洗净放在容器里面，再倒几滴香油进去拌匀放 2 分钟。
3. 上锅注入清水，放入糯米、花生米、桂圆大火烧煮至浓稠，下入枸杞子再煮几分钟即可。

营养分析 >>

花生是补肺气的最佳食品之一，且利于吸收，可与鸡蛋牛奶媲美，花生中所含有的儿茶素和赖氨酸都具有抗衰老的作用，因此被称为“长生果”。桂圆可益心脾、补气血、滋补养颜，而且桂圆可抑制子宫癌细胞，还可用于失眠健忘和惊悸眩晕等症，是白领女性应该常备的食物。

温馨提示 >>

因为桂圆、枸杞子本身就含糖，若喜欢吃糖的放点糖进去，依个人口味而定。

【凉拌双耳】

[材料]

银耳、黑木耳、香醋、小米椒、生抽、鸡精、香菜、花椒油、食盐。

[制作方法]

1. 把双耳洗净用水泡胀，将泡好的双耳去蒂并用手撕成小片。
2. 小米椒洗净切成小颗粒，香菜洗净。
3. 把双耳装在盆里。
4. 上锅注入清水大火烧开，把烧好的水倒入双耳里面，翻几下用筷子捞出）滤干水分。
5. 把香醋、切好的小米椒、生抽、鸡精、花椒油、食盐倒在一起拌匀。
6. 把滤好的双耳和香菜装盘，倒入拌好的料即可。

营养分析 >>

黑木耳属于天然补品，在提高机体免疫能力、抗衰老方面有很好的效果。黑木耳也是肠道清洁器，其丰富的胶质可以将残留在消化道中的杂质、废物吸附后排出体外。高效的排毒功能带来清透光莹的肤色。银耳被称为美肤食物，常吃银耳可促进肌肤细胞的新陈代谢，防止皮质过多的堆积在肌肤表面，影响肌肤的光泽度。银耳还可以加强血液循环，让肌肤看起来红润亮泽。

温馨提示 >>

木耳最好用干木耳泡发，新鲜木耳含有光敏性物质，容易跟紫外线作用引发皮炎。

二、增白食谱，比增白护肤品效果更好

作为东方人，虽为黄肌肤，可谁都想自己的肌肤更加白皙。而肌肤的颜色决定于黑色素的多少，而影响黑色素分泌的，除了遗传基因和环境因素，还取决于饮食的搭配。

黑色素在合成过程中，需要酪氨酸酶的催化作用，而铜是酪氨酸酶的重要组成元素之一，因此常吃含铜高的食物，会促进酪氨酸酶的活性，从而分泌更多的黑色素而让肌肤变黑，而抑制酪氨酸酶的活性的还有维生素 B_1，因此不吃含维生素 B_1 的主食也会影响到肤色。人体在新陈代谢的过程中会产生过多的自由基，自由基对细胞膜会有很强的攻击性，但是自由基也有几个“天敌”：超氧化物歧化酶（SOD）、维生素 C 和硒等抗氧化物质，清除自由基防止表皮细胞被自由基攻击而分泌过多的黑色素，是美白肌肤最重要的因素。

瘦肉、动物肝脏、坚果和深色味苦的蔬菜含铜丰富，若想要美白，这些食物可少吃，相反白癜风患者则需要多吃这些蔬菜以促进黑色素合成。而清除自由基的高维生素 C 食物主要含在蔬菜和水果中，富含硒的食物有龙虾、蘑菇、富硒大米等。螺旋藻、番茄、刺梨中含有丰富的 SOD，经常食用不仅可以美白肌肤，还可以健身防病。

【莲藕水萝卜炒鸡丁】

[材料]

莲藕、水萝卜、鸡胸肉、食用油、蚝油、香油、水淀粉、食盐。

[制作方法]

1. 莲藕洗净切成丁，水萝卜洗净切成丁。
2. 鸡胸肉洗净切成丁，拌入香油、蚝油和水淀粉。
3. 将食用油放入锅内等油热后投入鸡丁爆炒捞出，下入水萝卜丁和莲藕丁爆炒，注入适量清水（以漫过菜为宜），大火烧至水萝卜莲藕熟透。
4. 下入炒好的鸡丁，加食盐再用水淀粉勾芡即可出锅。

营养分析 >>

莲藕和水萝卜都是含维生素C很丰富的食物，具有清除自由基和美白肌肤的作用，水萝卜中不仅维生素C丰富而且含铜量很少，可有效减少黑色素合成，从而达到美白肌肤的效果。

【扁豆芦笋炖猪排】

[材料]

芦笋、猪排、白扁豆、食用油、姜、花椒、食盐。

[制作方法]

1. 芦笋洗净切成段，姜拍碎，白扁豆提前泡好，猪排洗净剁成小段。
2. 上锅注入清水大火烧开，下入猪排焯水去掉血沫。
3. 砂锅中注入清水，放入猪排并放几滴食用油，加姜末、花椒和白扁豆大火烧开，改小水慢炖至汤白。
4. 下入芦笋段大火煮几分钟，下入食盐即可。

营养分析 >>

白扁豆是夏季除湿的最好食物之一，可补脾暖胃、化湿消暑、补虚止泻，其中含有丰富的维生素B_1，可抑制酪氨酸酶的活性，从而抑制黑色素的分泌。芦笋是一种高档和名贵的蔬菜，其中含有非常丰富的维生素C，而且含铜量小，不仅可清除自由基，还可减少黑色素的合成，是较好的美白食品。

【青红毛豆】

[材料]

西芹、甜椒、毛豆、蒜蓉、食用油、食盐。

[制作方法]

1. 西芹洗净切成颗粒，甜椒洗净切成毛豆大小颗粒，毛豆洗净去壳剥出里面的毛豆粒。
2. 上锅将食用油放入锅内，待油热至七八成时下入蒜蓉、毛豆、西芹粒和甜椒粒用大火翻炒。
3. 注入适量的清水，大火烧至水干再翻炒几下，下入食盐即可出锅。

营养分析 >>

芹菜富含纤维素、维生素 C，更重要的是芹菜中还含有丰富的 SOD（超氧化物歧化酶）。芹菜中拥有了这两种物质，可以称得上是自由基的天敌。甜椒是著名的维生素 C 蔬菜，其维生素 C 的含量在蔬菜中算得上是佼佼者，毛豆中含有丰富的维生素 B_1，可抑制黑色素的合成。

【清炒荷兰豆】

[材料]

荷兰豆、蒜粒、食用油、食盐。

[制作方法]

1. 荷兰豆洗净摘去两头的筋。
2. 上锅将食用油放入锅内，待油热至七八成时下荷兰豆大火翻炒，下入蒜粒再炒 2 分钟，下入食盐炒匀即可。

营养分析 >>

荷兰豆是营养价值较高的豆类蔬菜，其质嫩清香、清脆可口。荷兰豆中含有一种其特有的植物凝集素、止杈素及赤霉素 A_{20} 等，这些物质对增强细胞新陈代谢功能有重要作用，可让表皮角质较快脱落，让肌肤通透亮泽。另外，荷兰豆中的维生素 C 含量也较高，常吃可美白肌肤，让肌肤更加光泽。

【蒜泥茄子】

[材料]

绿皮茄子、蒜泥、食用油、红小米椒、香油、香醋、食盐。

[制作方法]

1. 绿皮茄子用淡盐水洗净切成条，把切好的茄子装盘。
2. 红小米椒洗净切成小颗粒。
3. 上锅注入清水放蒸架，把装好茄子的盘子放在蒸架上大火蒸至熟为止，把蒸熟的茄子拿出凉凉。
4. 把蒜泥、红小米椒、香油、香醋和食盐拌匀待用，把拌匀的料倒入茄子上面。
5. 上锅将食用油放入锅内，待油热后倒在茄子上面即可。

营养分析 >>

绿皮茄子皮薄，口感较紫皮茄子更嫩，因此深受大家喜爱。茄子中维生素 C 含量不高，但却含有丰富的维生素 E 和丰富的 SOD(超氧化物歧化酶)，亦是抗氧化的高手。常吃茄子还可降低人体胆固醇含量，既是美白食物也是瘦身食物。

温馨提示 >>

茄子里面含有有毒的茄碱，熟茄子比生茄子含量低，浅色茄子比深色茄子含量低，因此，最好选择浅色茄子并烧熟透食用。

【芹菜叶香椿炒鸡蛋】

[材料]

芹菜叶、香椿、鸡蛋、食用油、食盐。

[制作方法]

1. 芹菜叶洗净切成末。
2. 香椿洗净切成末。
3. 鸡蛋打散待用。
4. 把切好的芹菜叶末和香椿末一起倒入打散的鸡蛋中，再用筷子搅匀，放入食盐。
5. 上锅将食用油放入锅内，待油热后倒入拌好的鸡蛋大火翻炒，炒成饼的样子出锅即成。

营养分析 >>

很多人吃芹菜时将芹菜叶弃之不用，其实芹菜叶的营养价值比芹菜茎还要高。芹菜叶中的维生素 C 含量是茎的 3 倍，对于美白肌肤和清除体内自由基的效果要比芹菜茎强很多。香椿中的维生素 C 含量更高，是芹菜叶的 2 倍，因此，这道芹菜叶香椿炒鸡蛋，实则为一道维生素 C 大餐，对于想美白的女性来说，是一个相当不错的选择。

温馨提示 >>

很多朋友在春暖花开的季节喜欢到野外摘香椿，野外还有一种跟香椿树很相似的“臭椿”，味苦有毒。臭椿的叶子为奇数，香椿的叶子为偶数。臭椿的树干光滑，香椿的树干有裂片，所以，在采摘的时候要尤其注意分辨。

三、柔湿肌肤，饮食来解决

随着年龄的增长和工作压力的不断加大，疲劳的白领女性往往肌肤紧绷、水分缺失，久而久之肌肤变厚变粗糙，甚至有些地方发痒脱皮。想要锁住肌肤中的水分，我们要时常给肌肤补水，除了外敷面膜还要多喝水，更重要的是要补充胶原蛋白。胶原蛋白中含有大量的亲水基团，可深入真皮层，提高肌肤的含水量并且锁住水分。胶原蛋白的合成需要维生素C参与，因此，单纯地补充胶原蛋白也不行，胶原蛋白经过消化分解，在体内再次合成的时候就必须要有充足的维生素C，所以，维生素C对美白肌肤的重要作用可谓众多营养素之首。

【豆嘴炒肉皮】

[材料]

豆嘴（黄豆发泡刚出芽）、猪皮、食用油、生抽、食盐。

[制作方法]

1. 豆嘴洗净，猪皮洗净并切丝。
2. 上锅将食用油放入锅内，待油热后倒入猪皮丝大火翻炒。
3. 放入豆嘴，注入适量清水大火炒，加入生抽、食盐出锅即成。

营养分析 >>

豆嘴脆嫩可口，其中含有丰富的蛋白质、钙质和维生素C。肉皮热量很低，其中含有丰富的胶原蛋白，可有效锁住肌肤中的水分，让肌肤水水嫩嫩。猪皮还有滋阴补虚和清热利咽的功效，对阴虚内热、咽喉疼痛者食用更佳 。

【番茄烧鸡翅】

[材料]

番茄、鸡翅、橘汁、食用油、食盐。

[制作方法]

1. 番茄洗净切成大块，鸡翅洗净。
2. 上锅将食用油放入锅内，待油热后倒入鸡翅翻炒几下。
3. 倒入番茄块大火煮至汁稠，再加入橘汁，放少许食盐即可。

营养分析 >>

番茄烧熟后味道鲜香略酸可开胃，番茄中含有丰富的维生素 C，可促进胶原蛋白合成，增强肌肤的锁水能力。鸡翅中含有丰富的胶原蛋白，配合番茄同吃是柔湿肌肤的黄金搭档。

温馨提示 >>

很多人纠结于番茄是熟吃还是生吃，番茄加热会损失一部分维生素 C，但却能释放更多的番茄红素，生番茄还含有毒素，总体来说熟吃比生吃营养价值更高。

【牛蹄筋芦笋汤】

[材料]

牛蹄筋、芦笋、生姜、花椒、食盐。

[制作方法]

1. 牛蹄筋洗净切成小段，芦笋洗净切成段，生姜拍松。
2. 高压锅注入清水，放入生姜和花椒，把切好的牛蹄筋放入高压锅内压煮熟，20 分钟左右就可以了。
3. 把压好的牛蹄筋连汤一起倒入铁锅内大火烧开，放入芦笋和食盐煮几分钟即可。

营养分析 >>

芦笋芳香可口，含有大量的膳食纤维，可促进消化、减肥瘦身，牛蹄筋中则含有丰富的胶原蛋白。芦笋中维生素 C 含量非常高，可促使牛蹄筋中胶原蛋白的吸收利用，成功锁住肌肤中的水分。

温馨提示 >>

牛蹄筋首选牦牛蹄筋，次选黄牛蹄筋，成年牛的蹄筋较嫩，老牛的蹄筋品质更佳。

【韭菜凤爪汤】

[材料]

韭菜、鸡爪、食盐、生姜、花椒。

[制作方法]

1. 韭菜少许洗净，鸡爪洗净。
2. 上锅注入清水大火烧开，倒入洗好的鸡爪煮开，倒入冷水中冲洗下捞出。
3. 再一次注入清水放入花椒和生姜，倒入鸡爪大火煮至汤白时下入韭菜，放入食盐关火即可。

营养分析 >>

大家都知道韭菜可活血通络、温肾壮阳，是“男性食物”，其实韭菜中还含有丰富的纤维素和维生素，可消脂瘦身、美白肌肤，也是非常好的美容食品。鸡爪中含有丰富的胶原蛋白和钙质，是女性朋友常吃的零食，可软化血管并增强肌肤弹性，帮助肌肤锁水，亦是美容食品最好的选择之一。

温馨提示 >>

一般人群均可食用，禁忌较少。

【大白菜猪软骨汤】

[材料]

大白菜、猪软骨、生姜、葱花、食盐。

[制作方法]

1. 猪软骨洗净剁成小块，大白菜洗净撕成条。
2. 上高压锅把剁好的软骨放入高压锅内，放入生姜压 5 ~ 10 分钟。
3. 把压好的软骨倒入铁锅内，下入大白菜条再煮几分钟。
4. 下入食盐，撒入葱花即可。

营养分析 >>

软骨肉中含有丰富的蛋白质、钙、磷等矿物质，尤其是猪软骨中丰富的胶原蛋白，可帮助肌肤抗击干燥和皱纹。大白菜是有名的瘦身菜，其丰富的纤维素可帮助消化和降低血脂。大白菜中还含有丰富的维生素 C 可美白肌肤，并促进软骨肉中胶原蛋白的消化利用，让肌肤更加水嫩迷人。

温馨提示 >>

一般人群均可食用，猪软骨上仍带有较多的猪肉，在食用的时候不可贪嘴，以免摄入过多的热量。

四、想要肌肤紧致细腻，应该这样吃

一个人的肌肤粗糙或者细腻，只是影响外观形象，对人的身体本身是没有害处的，正是因为这样也让很多人因此而忽略了保养，甚至有些人认为自己肌肤“天生”粗糙，别人肌肤细腻也是“天生”的。

肌肤不细腻、毛孔粗大，一方面有遗传方面的因素，另一方面也是体内雄性激素水平增高和消化代谢障碍所致。收缩毛孔不是一件容易的事，但是只要方法得当，持之以恒还是能够达到的。

第一，我们要避免烟酒，香烟能收缩血管让肌肤缺乏营养，酒精能撑开肌肤，导致毛孔变粗。第二，注意清洁肌肤，不让皮脂长时间堵住毛孔，这样会将毛孔不断地撑大。第三，避免挤压毛孔，让毛孔变形。第四，注意多吃蔬菜水果多饮水，保持大便通畅。第五，还要注意化妆品的选择，肌肤是偏酸性的，所以避免使用碱性肌肤清洁用品和化妆品。

其实，很少有人会将毛孔粗大与饮食联系起来，实际上饮食对于肌肤的紧致细腻有非常大的影响。比如说体内缺乏烟酸容易肌肤粗糙，严重者会得糙皮病，因此烟酸也被称为抗糙皮维生素，烟酸还可以降低肌肤对日光的敏感性。若体内雄性激素偏高，面部症状呈现比如毛孔粗大、汗毛粗黑等状况，我们可以多补充含有大豆异黄酮的豆制品，大豆异黄酮号称“植物雌激素”，可有效平衡体内激素水平。

【青稞饼】

[材料]

青稞粉、面粉、食盐、鸡蛋、牛奶、泡打粉、食用油、蜂蜜。

[制作方法]

1. 将鸡蛋磕在盆中，加少量食用油和牛奶搅拌均匀。
2. 将搅拌好的蛋糊中加入面粉、青稞粉和泡打粉，并加入少量食盐搅拌均匀。
3. 待青稞面粉发酵，便用勺舀进锅中放食用油小火煎炸。
4. 煎炸至两面金黄时装盘，浇上蜂蜜即可。

营养分析 >>

青稞是藏族人民常吃的食物，给藏族人民赋予了丰富的饮食内涵与青稞文化。青稞的营养价值极高，是 β－葡聚糖最高的麦类作物，纤维素含量极高，可控制血糖、降低血脂和预防癌症。青稞中含有丰富的硫胺素、核黄素和尼克酸，可促进神经系统的发育，防治糙皮病，常吃青稞面可瘦身减肥排毒养颜。

温馨提示 >>

不喜欢甜食的不需浇蜂蜜。

【黑米花生粥】

[材料]

黑米、花生、红枣、冰糖。

[制作方法]

黑米、花生、红枣与冰糖共同加水熬至黑米烂熟即可。

温馨提示 >>

不喜欢甜食或担心热量过高的朋友可不放冰糖。

营养分析 >>

黑米是一种药食兼用的糯米，口味软糯香甜，营养价值也极高，被誉为“补血米”、“长寿米”。黑米所含锰、锌、铜等无机盐大都比大米高 1~3 倍，更含有大米所缺乏的维生素 C、烟酸、叶绿素、花青素、胡萝卜素及强心甙等特殊成分，可有效补血，预防糙皮病，常吃黑米可使肌肤光洁如玉，花生中含有丰富的大豆异黄酮，可平衡体内雌性激素的水平，有效防止毛孔粗大，使肌肤细腻紧致。

【麻婆豆腐】

[材料]

豆腐、肉末、水淀粉、花生油、花椒油、豆瓣、豆豉、食盐、高汤、酱油、料酒、蒜、葱花。

[制作方法]

1. 豆腐切块，在盐水中浸泡 10 分钟，滤水待用。
2. 蒜切末，豆瓣剁成豆瓣泥。
3. 热锅中放花生油，油热后放入肉末煸炒。
4. 再放入豆瓣泥，煸炒出香味后放豆豉、蒜末继续煸炒。
5. 加料酒和高汤煮开，放入豆腐块再煮开。
6. 用水淀粉勾芡，再加酱油炒匀。
7. 水收干后关火，装盘后倒入少量花椒油、撒上蒜末和葱花。

营养分析 >>

麻婆豆腐色泽鲜亮芳香四溢，口感滑嫩且味道浓郁，是川菜中的名菜。豆腐含有丰富的优质植物蛋白和钙、磷、镁等营养素，不仅营养丰富还能增进食欲。豆制品中均含有丰富的大豆异黄酮，可调节体内激素水平，防止毛孔粗大和肌肤粗糙，是补钙佳品，也是很好的美容食品。

温馨提示 >>

喜欢香菜的味道还可以放入香菜末，喜欢麻辣味的，可用花椒粉代替花椒油，根据自己对麻辣味的喜好程度添减豆瓣的量。

五、吃对食物让你成为“抗斑战痘”英雄

肌肤光滑紧致且毫无瑕疵是每个女人的梦想，但是一到了青春期，“美丽青春痘”便如约而至。职场压力大加上心情抑郁，色斑也绝不爽约。外出一见阳光，肌肤便变得黝黑粗糙。因此，护肤是一项每个女人绝不能偷懒的工作，但是我们要注意，虽然勤劳护肤是正确的，但如何护肤的方法十分重要。

痘痘是痤疮的一种，多半发生在青春期，职场中人压力大，容易“上火”，职场应酬的烟酒刺激也容易诱发痤疮。预防和辅助治疗痘痘和痤疮，除了平常要注意清淡饮食，多吃纤维高的食物，有助于排毒和加快油脂代谢，还要多补充锌元素和维生素 A，可促进细胞再生，促进伤口愈合。维生素 D 和维生素 E 可以增强人体的抗病能力，提高免疫力，也要注意多补充。

我们的肤色取决于黑色素细胞分泌黑色素的多寡，分泌得多则肤黑，分泌得少则肤白。但如果黑色素分布不均匀则形成了斑，斑分几种，一种是雀斑，均匀的分布在脸上，星星点点。雀斑多为遗传所致，基本是不容易根除的。另一种是黄褐斑，一般对称的分布在脸颊两侧。黄褐斑一般为内分泌失调所致，因此，除斑须调节内分泌。还有一种不常见的晒斑，是紫外线照射过度所导致，只要做好防晒工作，少吃光敏性食物，晒斑基本上都可以避免。

【三色烩菜】

[材料]

南瓜、玉米、鹌鹑蛋、西蓝花、黑木耳、香菇、食盐、食用油、姜片、葱花。

[制作方法]

1. 南瓜洗净切块，鹌鹑蛋煮熟剥去壳，玉米切段，西蓝花掰成块，黑木耳洗净去蒂，香菇洗净竖切成两半。
2. 锅中放食用油，油七成热时放姜片煸香。
3. 将所有的主食材放进锅中，翻炒一下加适量清水。
4. 待食材煮熟，加食盐和葱花即可出锅。

营养分析 >>

女性激素“好色”，黄色、绿色和黑色食物均可健脾开胃、调节激素。南瓜、玉米与鹌鹑蛋是黄色食物的代表，黑木耳和香菇是黑色食物的代表，西蓝花是绿色食物的代表。中医中有“五色五味入五脏”之说法，黑色食物入肾，黄色食物入脾，绿色食物入肝。因此，这道三色烩菜即可平肝补脾强肾、平复情绪、调节内分泌，有效抗击黄褐斑与青春痘。

【糖拌番茄】

[材料]

番茄、白糖。

[制作方法]

1. 番茄放在开水中烫一下，去皮后切成片。
2. 一边装盘一边放入白糖，放一层番茄片放一层白糖，腌 10 分钟即可食用。

温馨提示 >>

尽量选择成熟的番茄，这样番茄红素含量更高。形状不规则或者有棱角和尖顶子的番茄，是用激素催红的，属于不成熟的番茄，最好不要选用。

营养分析 >>

番茄中含有丰富的维生素 C、番茄红素和胡萝卜素，这 3 种营养素对美容都非常重要，维生素 C 可抗氧化，提高肌肤抵抗力、美白。番茄红素抗氧化能力远高于维生素 C 和其他抗氧化剂，同时还有防晒的功能可预防晒斑。番茄中还含有丰富的胡萝卜素，在体内可转化为维生素 A，可促进上皮组织的修复，因此番茄是预防痤疮和促使痤疮康复的最佳食品。

【美容薏仁粥】

[材料]

鸡肝、核桃仁、芝麻、薏苡仁。

[制作方法]

鸡肝切碎，加核桃仁、芝麻与薏苡仁一同熬至烂熟即可。

温馨提示 >>

鸡肝腥味较浓，可适当放点盐，制成咸粥。

营养分析 >>

核桃与芝麻中均含有丰富的维生素 E，鸡肝中含有丰富的维生素 D，均可增强肌肤的抗病能力，提高表皮免疫力。鸡肝中还含有丰富的锌和维生素 A，可促进细胞再生，加快痤疮的痊愈。薏苡仁是植物中纤维素含量最高的，大量的纤维素可帮助排毒，有效预防痤疮的生成。

【山药炒牛柳】

[材料]

山药、青椒、牛柳、松仁、食盐、食用油、香油、水淀粉、姜片。

[制作方法]

1. 山药去皮洗净，切成 2cm 左右的条。
2. 青椒与牛柳分别洗净切丝。
3. 牛柳丝中加香油与水淀粉搅拌均匀。
4. 热锅中放食用油，将姜片煸香，放入牛柳丝爆炒。
5. 再放入山药条与青椒丝继续翻炒 2 分钟，撒上松仁和食盐拌匀即可。

营养分析 >>

山药中含有丰富的碳水化合物和纤维素，可促进消化，帮助体内毒素迅速排出体外，有效预防痤疮类肌肤疾病。松仁是维生素 E 的最佳来源之一，青椒中含有丰富的维生素 C。维生素 E 和维生素 C 均具有较强的抗氧化作用，可提高表皮细胞抗病菌的能力。牛柳中的锌含量非常高，可促进表皮细胞再生，对于痤疮的康复有辅助作用。

温馨提示 >>

可用白芝麻代替松仁，也可以起到同样作用，白芝麻也含有丰富的维生素 E，用于点缀菜肴也十分美观和美味。

第5章 吃出唇红齿白

——让你的笑容更迷人

一、美白牙齿的小卫士

早在《诗经》中就有形容牙齿对美貌的重要："肤如凝脂，齿如瓠犀"，因为有了温润的肌肤，洁白整齐的牙齿，所以才有了"巧笑倩兮，美目盼兮"。洁白如玉的牙齿不仅增加美感，还能预防和减少消化系统疾病。牙齿是外界食物进入到我们身体内部的第一道关卡，我们要保护牙齿，防止牙齿中的细菌酸化，下面我们就一起来了解一下对牙齿有好处的一些物质。

锌、锡、铜、铁离子有一定的防酸化作用，多补充矿物质，对于保护和强健我们的牙齿非常有利。

牙齿主要是钙和磷组成的，钙能够抑制细菌酸化，磷有防止酸性物质腐蚀牙齿的作用，因此，要给予牙齿补充充足的钙、磷，尤其是要补充钙磷比例适合的营养物质，比如牛奶。

我们所用的自来水中含有氟，可以防龋齿，而矿泉水中则没有氟，因此平常尽量喝开水，而不要长期饮用矿泉水，更不要长期饮用纯净水。

唾液对于牙齿也具有很好的保护作用，可预防龋齿和帮助食物消化，并且能够增强口中电解质的浓度，所以女性朋友不要养成吐口水的习惯，不仅不雅观也对口腔健康不利。

牙齿还有一个最好的保护神，那就是纤维素。纤维素就像一个大扫把，将牙齿周围的食物残渣扫进胃里，将我们的牙齿"清洗"干净。纤维素还能锻炼牙齿的咀嚼功能，增强口腔肌肉的力度，防止牙齿脱落。所以纤维素对于女性来说，不仅仅是减肥的营养素，也是美白牙齿的营养素。

女性多喜欢甜食，我们吃完甜食记得一定要漱口。因为糖分会增强细菌的吸附，同时，细菌分解糖分会产生腐蚀牙齿的物质。所以我们应该尽量少吃甜食，吃完甜食也要尽快的刷牙漱口，将糖分尽快的从牙齿周围除去。

【口蘑凤爪】

[材料]

鸡爪、口蘑、生姜、花椒、葱花、食盐。

[制作方法]

1. 鸡爪剪去趾甲，用少许食盐搓擦洗净，剖成两半。
2. 口蘑洗净切成两半。
3. 上砂锅注入清水，放入鸡爪、生姜和花椒，大火烧开。
4. 改小火慢炖至汤浓时放入口蘑，再炖半个小时放入食盐，出锅时撒入葱花即可。

营养分析 >>

鸡爪质地肥厚、多皮、多筋，胶质含量丰富，常用于卤煮或脱骨拌食，细腻鲜美，脆嫩可口。鸡爪的营养价值颇高，含有丰富的钙、铁、磷及胶原蛋白，可以为牙齿提供丰富的营养。鸡爪味甘、性平、无毒，多吃不但能软化血管，还具有美容功效。

温馨提示 >>

选鸡爪时要选适中，不要太大太肥，太肥的热量高，而且味道也不如瘦鸡爪好。

【蒜薹回锅肥瘦牛肉】

[材料]

蒜薹、肥瘦牛肉、百合、酱油、豆瓣酱、食用油、食盐。

[制作方法]

1. 蒜薹洗净切成段。
2. 肥瘦牛肉洗净用高压锅压熟，切成片。
3. 百合洗净用水泡胀。
4. 上锅放食用油，待油热后下入豆瓣酱炒香。
5. 再投入肥瘦牛肉片、蒜薹段和百合翻炒，再加入酱油和食盐搅拌均匀出锅即成。

营养分析 >>

牛肉营养价值十分高，含丰富的蛋白质、脂肪、维生素 B_1、维生素 B_2、钙、磷、铁等，并且还含有多种氨基酸，为牙齿提供了充足而丰富的营养。牛肉还可补脾胃，益气血。蒜薹富含粗纤维，可帮助清洁牙齿，增强牙齿的咀嚼功能。

温馨提示 >>

牛肉热量较高，怕胖的女性不可经常食用。

【酸梅汤】

[材料]

乌梅、山楂片、蜂蜜、干玫瑰花、红枣、桂圆。

[制作方法]

1. 将乌梅、干玫瑰花、红枣和桂圆洗净。
2. 上锅注入适量的清水，放入洗好的乌梅、干玫瑰花、红枣、桂圆和山楂片一起大火烧开。
3. 再改小火慢煮，煮至汤浓时放入蜂蜜关火即可。

营养分析 >>

乌梅含丰富的钾、多种矿物质和梅酸等有机酸，它具有生津止渴、开胃涩肠、消炎止痢的功效。酸梅能刺激唾液分泌，可帮助消化，防止龋齿，酸梅还能够软化血管，延缓血管硬化，具有防老抗衰的作用。

温馨提示 >>

女性在例假和产前产后不要食用酸梅汤。

【酸辣豆腐】

[材料]

豆腐、青椒、木耳、葱花、生姜、蒜末、香醋、食用油、水淀粉、食盐。

[制作方法]

1. 青椒洗净切成小颗粒，生姜切末。
2. 木耳洗净泡好撕成小块。
3. 豆腐洗净切成小块。
4. 将食用油放入锅内，待油热后下入豆腐块，炸至两面金黄色捞出待用。
5. 豆腐捞出以后下入撕好的木耳翻炒几下捞出。
6. 下入青椒粒和姜末、蒜末炒香，注入少量的清水。
7. 下入炸好的豆腐，加香醋大火烧入味，放入食盐和水淀粉，撒上葱花出锅即成。

营养分析>>

豆腐中含有丰富的优质植物蛋白和钙、铁、磷、镁，不但可以补充体内营养，还可坚固牙齿。醋的主要成分是醋酸，可生津润燥、清热解毒、刺激唾液分泌，还能滋润牙齿，提高牙齿的抗病能力。醋也是一种美容食物，可滋润肌肤，对抗衰老。

温馨提示>>

豆腐号称“植物肉”，不喜欢吃肉食的女性可用豆腐代替肉食的营养。

【柠檬鸡翅】

[材料]

柠檬、鸡翅、料酒、姜粒、辣椒粉、生抽、食用油、食盐。

[制作方法]

1. 柠檬洗净打成汁，鸡翅洗净。
2. 上锅注入清水大火烧开，将鸡翅焯水，捞出滤干水待用。
3. 把滤干水的鸡翅用料酒、姜粒、辣椒粉、生抽和食盐腌 10 分钟。
4. 将食用油放入锅内，待油热后放入腌好的鸡翅，把打好的柠檬汁倒进去一起烧至汤浓时即可。

营养分析 >>

柠檬含有丰富的维生素 C、维生素 A 和钙、铁、磷，还含有丰富的有机酸和类黄酮、草酸钙、果胶成分。它具有生津祛暑、健脾消食之功效。因其味及酸，被誉为“柠檬酸仓库”，可刺激唾液分泌，增强口腔中电解质的浓度。

温馨提示 >>

十二指肠溃疡或胃酸过多患者不宜食用柠檬。

【南瓜红薯汤】

[材料]

南瓜、红薯。

[制作方法]

1. 南瓜洗净去皮切成片，红薯洗净切成片。
2. 上锅注入清水，投入南瓜片和红薯片大火煮至烂熟。

温馨提示 >>

选择南瓜时应选择面甜的南瓜，如果是嫩南瓜则不需削皮。

营养分析 >>

南瓜和红薯富含丰富的纤维素，纤维素会像一个大扫把一样将食物尽可能的“扫”入食道内，最大限度减少食物在牙齿间的残留，最大程度地保护牙齿。南瓜还含有蛋白质、钾、钙、铁、磷、锌、糖类、胡萝卜素、维生素 B_1、维生素 B_2 和维生素 C 等，营养十分丰富。红薯的营养价值较南瓜有过之而无不及，所含营养素几乎涵盖了人体需要的所有营养素。

【蚝油香菇生菜】

[材料]

蚝油、鲜香菇、生菜、食用油、食盐。

[制作方法]

1. 鲜香菇洗净切成小块，生菜摘好洗净。
2. 将食用油放入锅内，待油热后倒入香菇大火翻炒，再投入生菜爆炒，加入蚝油和食盐出锅即成。

温馨提示 >>

生菜也可生吃，但是生菜可能含有农药化肥的残留物，生吃前一定要洗干净。

营养分析 >>

生菜富含莴苣素、钙、铁、锌及多种维生素、矿物质元素和食物纤维，并含有甘露醇等物质。生菜中纤维较多，有助于扫清口腔食物残渣，消除多余脂肪，既美白牙齿又可减肥。香菇中含有多种氨基酸，可提高人体免疫力，其特殊的香气还可提鲜，替代味精的功能。

【芹菜凉拌木耳】

[材料]

芹菜、木耳、蒜泥、味精、红小米椒、香醋、花椒油、食用油、食盐。

[制作方法]

1. 芹菜摘好洗净切成段，木耳洗净泡胀撕成小块，红小米椒剁碎。
2. 把蒜泥、味精、红小米椒、香醋、花椒油和食盐放在一起拌匀。
3. 把芹菜段和木耳装盘，将拌好的调料倒在菜的上面。
4. 上锅将食用油放在锅内，待油热至七成时浇在菜上面即可。

营养分析 >>

芹菜含有丰富的维生素A、维生素B_2、钙、磷、铁及粗纤维等营养成分，可生津平肝、解表。芹菜具有平肝、解表透疹的作用，芹菜中的粗纤维可帮助美白牙齿，提高牙齿的抗病能力，还可预防龋齿。

温馨提示 >>

在选择芹菜时尽量选择香芹，味道更加清香可口。

二、健康润泽的嘴唇应该如何补充营养

嘴唇是我们面部器官中颜色最为艳丽的一个，对于容颜的影响非常大。健康的嘴唇应该是红润饱满、有光泽的并且无开裂、溃疡和疱疹。要保持健康艳丽的唇色，需要均衡饮食，加强体育锻炼，还要放宽心态，戒烟限酒。

大家都说眼睛是心灵的窗户，那么嘴唇就是健康的窗户，我们身体的营养健康问题直接反映到唇色和唇状上。为我们的嘴唇补充营养，光靠唇膏是不够的，一定要内调才能达到嘴唇的“外养”。

嘴唇发白是贫血的症状，要补血补铁。唇色青紫则为血瘀气滞，需要加强锻炼，补充活血食物。嘴唇起疱代表湿气太重，应该补充去湿的红豆薏苡仁等食物。嘴唇溃疡代表“上火”，应该放宽心态，清淡饮食，并补维生素 C 和维生素 B_2。口角皴裂脱皮代表你缺水缺维生素，这时候你需要补充水分和维生素。唇色泛黑则肾脾亏虚湿气滞内，要补脾胃。

【红豆山药粥】

[材料]

红豆、山药、大米、圆糯米、冰糖。

[制作方法]

1. 红豆洗净泡 2 小时，山药洗净切皮切成段，大米和圆糯米洗净。
2. 上锅注入清水，把红豆连同浸泡用的水一起倒入锅中，再倒入大米和圆糯米大火烧煮至浓稠。
3. 放入山药段煮至烂熟，再放入冰糖即可。

营养分析 >>

红豆富含蛋白质、碳水化合物、粗纤维以及多种矿物元素，性平、味甘，具有利水消肿、除湿气解毒等功效。山药也具有除湿功能，可有效预防嘴角湿疹。山药还可健脾养胃，促进血液循环，让我们拥有一个红润的唇色。

【鸭血粉丝汤】

[材料]

鸭血、细粉丝、生姜、蒜、泡椒、花椒、葱花、味精、食用油、食盐。

[制作方法]

1. 鸭血用刀划成小块，细粉丝泡好。
2. 生姜和蒜剁成粒，泡椒剁成粒。
3. 上锅注入清水大火烧开再改小火，倒入鸭血块煮至变色，再连锅端起倒入冷水中冲洗，捞出滤水待用。
4. 将食用油放入锅内，待油热后倒入花椒、姜粒、蒜粒和泡椒粒一起炒香。
5. 注入适量清水再倒入鸭血煮至入味，再下入细粉丝、食盐和味精关火即可。
6. 出锅时撒入葱花。

营养分析 >>

鸭血营养丰富，铁含量非常高，而铁是血红蛋白的组成成分之一，多数贫血者都为缺铁性贫血。气血充盈则唇色红润，贫血则唇色发白。想拥有一个迷人的红唇，试试鸭血，效果非常好！

温馨提示 >>

在选择鸭血时一定要注意不要买到添加血粉的假鸭血。

【当归牛肉蹄筋汤】

[材料]

当归、牛肉、牛蹄筋、食用油、葱花、食盐。

[制作方法]

1. 当归洗净，牛肉洗净切成小块，牛蹄筋洗净切成小块。
2. 上锅注入清水大火烧开，倒入切好的牛肉焯水（蹄筋不用焯水）。
3. 上铁锅将食用油放入锅内，待油热后倒入牛肉蹄筋一起翻炒出香味。
4. 加入当归和食盐小炒几分钟。
5. 把炒好的所有食材放入砂锅内，注入清水大火烧开，改小火慢炖至汤白浓香时撒上葱花即可。

营养分析>>

牛肉富含蛋白质、脂肪、维生素 B_1、维生素 B_2、钙、磷、铁，还含有多种特殊营养成分，它具有补脾胃、益气血、有效预防唇青之功效。牛蹄筋含有丰富的胶原蛋白，可有效锁水防止嘴唇皴裂脱皮。当归味甘性温，可活血、养血、补血。

温馨提示>>

选择炖牛肉时应该选偏瘦的牛肉。

【黄豆焖猪蹄】

[材料]

黄豆、猪蹄、生姜、酱油、葱花、食用油、食盐。

[制作方法]

1. 黄豆洗净用温水泡 3 小时，猪蹄洗净切成小块。
2. 将食用油放入锅内，待油热后放入生姜猪蹄炒香。
3. 再投入黄豆，注入适量的清水大火烧开，再改小火慢炖。
4. 猪蹄肉松软时下入酱油和食盐，出锅时撒入葱花即可。

营养分析 >>

猪蹄中富含较多的蛋白质、钙、磷、镁、铁以及维生素 A、维生素 D、维生素 E、维生素 K 等有益成分。而猪蹄中丰富的胶原蛋白可延缓衰老，锁水润唇，消除嘴角纹，猪蹄特殊的营养特点，被人们称为美容食品。

温馨提示 >>

临睡前不宜食用猪蹄，以免增加血液黏稠度。

>>

第6章 吃出明眸善睐

——迷人眼神也可以吃出来

一、眼睛需要哪些营养

眼睛是心灵的窗户，拥有一双炯炯有神、清澈明亮的眼睛，可为我们的容貌和气质大大加分。眼睛也是人体最重要、最“娇气”的器官之一，需小心呵护。用眼过度可引起眼疲乏、眼干，精神紧张或营养不良，可使视力下降。保护眼睛，除了平时注意劳逸结合，定时做眼保健操外，经常吃些有益于眼睛的食品，也能起到很大的作用。

缺乏维生素 A 的时候，眼睛对暗环境适应能力减退容易患上“夜盲症”。维生素 A 还可有效预防干眼病，促进眼泪的分泌；蛋白质缺乏，容易让眼睛细胞修复功能减弱；维生素 C 缺乏容易导致白内障；钙具有消除神经紧张的作用，因此补充钙可消除眼部神经紧张；维生素 B_2 是视网膜的组成成分之一，缺乏维生素 B_2 会导致眼睛畏光、流泪、烧疼及发痒、视觉疲劳、眼帘痉挛。

还有一些食物是对眼睛有害的，我们应该多加注意，尽量少摄入。姜、葱、蒜是我们常用的调料之一，但是这些刺激性大的食物对眼睛是有伤害的，尤其是患眼疾的病人要少吃这些食物。逢年过节，烟、酒、糖是我们的待客必备品，但是烟、酒、糖对眼睛的功能都十分有害。烟毒会导致视力和色觉下降，酒精往往使眼睛充血，损害视网膜，发生“酒弱视”。糖代谢会消耗掉大量的维生素 B_1，往往导致维生素 B_1 缺乏，让近视眼加剧近视程度，糖还能降低体内钙的含量，出现眼睛疲劳。

大家知道肌肤需要防晒，其实眼睛更需要防晒，眼睛受到阳光的刺激会提前老化。眼睛是喜凉怕热的，在阳光强烈的时候要带太阳镜出去，另外肝火旺盛的人最好用凉水洗脸，最起码要用凉水清洗眼部区域。

二、吃这些食物可让眼睛明亮有神

营养充足的眼睛明亮、灵动、水润，能够“一顾倾人城，再顾倾人国”。明亮的眼睛，既需要充足的营养，也需要充分的保护，因此，科学、合理的饮食对眼睛有很大的作用。眼睛最重要的营养素除了蛋白质、维生素 A、维生素 C、维生素 B_1 和维生素 B_2，还需要充足的钙、锌、硒等微量元素。因此，想要一双健康美丽神采飞扬的眼睛，在日常饮食中，我们需要多补充上列营养素。

【口味西蓝花】

[材料]

西蓝花、马铃薯、青椒、美人椒、食盐、酱油、葱、姜、食用油。

[制作方法]

1. 西蓝花洗净切成块，马铃薯去皮洗净，切丁用凉水冲一下备用。
2. 美人椒去蒂洗净后切段，青椒去蒂去子洗净后切片。
3. 锅内放食用油至油温七成热下入马铃薯丁，等马铃薯表面金黄色后下入西蓝花，约 10 钟左右倒出控油备用。
4. 锅内留少许底油煸香葱姜，再煸熟美人椒段和青椒。
5. 再将马铃薯丁和西蓝花下入，翻炒均匀后，将酱油和食盐均匀下入翻炒均匀即可。

营养分析 >>

西蓝花和青椒、美人椒中的维生素 C 含量极高，不但有利于人的生长发育，更重要的是能提高人体免疫功能。视网膜细胞是非常容易受到氧化剂伤害的，尤其是光线所产生的氧化剂，西蓝花含维生素 A 还非常丰富，是构成眼睛感光物质的材料之一，充足的维生素 A 能让眼睛更加明亮。马铃薯的营养含量非常全面，其中富含碳水化合物、B 族维生素、维生素 C 和各种矿物质，对于补充眼部营养非常有帮助。

温馨提示 >>

西蓝花的农药残留比较严重，建议食用前应当充分的清洗浸泡，以确保饮食安全。

【红烧蛋豆腐】

[材料]

鹌鹑蛋、豆腐、白菜、枸杞子、食盐、葱、姜、蒜、食用油、蚝油、生粉。

[制作方法]

1. 白菜清洗干净手撕成片，鹌鹑蛋煮熟剥去壳，豆腐切块，枸杞子泡发后备用。
2. 锅中放食用油，将切好的豆腐表皮炸脆，盛出备用。
3. 在另一锅中将白菜炒熟。
4. 锅留底油煸香葱、姜、蒜，下入蚝油和适当的水以及生粉，待汁黏稠后下入鹌鹑蛋、豆腐块和白菜片翻炒均匀，撒上枸杞子和食盐略炒，出锅即可。

营养分析 >>

鹌鹑蛋含有丰富的维生素 A，有补益肝血作用，可防治视力减退。豆腐中含钙丰富，可缓解视神经紧张。白菜中维生素 C 含量较高，可预防紫外线对视网膜的伤害。

温馨提示 >>

白菜用手撕比用刀切的好吃，营养损失也少。

【爆炒鱿鱼须】

[材料]

鱿鱼须、洋葱、香菜、白芝麻、孜然粉、胡椒粉、食盐、料酒、葱、姜、食用油。

[制作方法]

1. 鱿鱼须自然解冻后切段焯水备用，洋葱去老皮清洗后切丝，香菜去根清洗后切段。
2. 锅放食用油，油七成热时下入鱿鱼须爆炒半分钟。
3. 再下入料酒、洋葱丝和食盐翻炒几下出锅控油备用。
4. 锅留底油煸香姜、葱，再下入鱿鱼须和洋葱丝翻炒，撒入孜然粉、胡椒粉和白芝麻翻炒均匀。
5. 出锅撒上香菜段即可。

营养分析 >>

鱿鱼不但富含蛋白质、钙、磷、铁、硒等矿物质，可缓解视疲劳，提高免疫力，还含有丰富的DHA、EPA等高度不饱和脂肪酸和较高含量的牛磺酸，可降低血液中的胆固醇含量，对恢复视力和改善肝脏功能大有裨益。洋葱中含有粗纤维、胡萝卜素、硫胺素、核黄素和维生素C、维生素E，还含有钾、钙、硒、铜、铁等多种保护眼睛的营养素。此外洋葱还含有抗菌降脂、抗癌的活性物质，可提高身体免疫力。

温馨提示 >>

鱿鱼之类的水产品性质寒凉，脾胃虚寒的人应少吃。洋葱不要炒过久，以免破坏掉其中的活性物质。

【山药西洋菜】

[材料]

西洋菜、山药、红枣 、枸杞子、高汤、食盐。

[制作方法]

1. 西洋菜洗净切成段，枸杞子和红枣浸泡，红枣去子。
2. 将红枣、枸杞子、山药放进高汤中，加食盐熬开。
3. 放入西洋菜段，煮开即可。

营养分析 >>

西洋菜又名豆瓣菜，富含维生素 A、胡萝卜素和维生素 C、钙、磷、铁等。尤其是西洋菜中还含有丰富的 SOD，抗自由基能力超强，不仅可以为眼睛提供丰富的营养，还可为眼睛提供充分的保护作用。淮山可健脾益胃助消化，有效预防脾虚湿重引起的眼疾。

温馨提示 >>

挑选西洋菜时，以茎嫩粗壮为佳，茎太细太长的西洋菜已经变老。

【五豆糯米粥】

[材料]

黄豆、青豆、花豆、蚕豆、绿豆、糯米、橄榄油、细砂糖。

[制作方法]

1. 将五豆洗净，泡 3 小时待用。
2. 糯米洗净。
3. 上锅注入清水，放入五豆、糯米和橄榄油大火煮至浓稠。
4. 放入细砂糖搅匀即可。

营养分析 >>

维生素 A 在植物中含量较少，在动物肝脏中含量较多。如果我们将含维生素 A 较多的植物性食物汇集一处，维生素 A 也能得到有效的补充，还可以避免过多摄入动物肝脏中的胆固醇。五豆糯米粥中的 6 种主要食材中所含的维生素 A 在同类食物中均很高，而且豆制品和谷类均富含 B 族维生素和钙，能有效保护视网膜，缓解眼部疲劳。

温馨提示 >>

可根据口味更换豆类的种类。

【三黄菜】

[材料]

南瓜、胡萝卜、番茄、姜粒、葱花、食用油、食盐。

[制作方法]

1. 南瓜洗净去皮切成块，胡萝卜洗净切成块，番茄洗净去蒂切成大块。
2. 上锅将食用油放入锅内，待油热后投入姜粒、南瓜块、胡萝卜块和番茄块翻炒一会。
3. 注入适量清水大火烧开，再改小火焖至胡萝卜熟透时撒入食盐和葱花即可。

营养分析 >>

南瓜、胡萝卜、番茄中均含有丰富的胡萝卜素，也就是维生素 A 原，可充分补充感光细胞的营养。南瓜味道清香甘甜，除含有胡萝卜素外，还含有多糖、氨基酸、活性蛋白及多种微量元素，可提高人体免疫力，属于高钙高钾低钠食品，非常适合“三高”人群食用。胡萝卜可降糖降脂、保肝明目，番茄中丰富的维生素 C 也为眼睛提供了有力的保护作用。

温馨提示 >>

在购买南瓜时一定选择表面干净的南瓜，瓜有小洞或伤疤，会产生一些毒素，影响伤疤周围的南瓜肉质。

【小辣椒爆鸡肝】

[材料]

小辣椒、鸡肝、蒜片、花椒、食用油、水淀粉、香油、食盐。

[制作方法]

1. 小辣椒洗净切成段，鸡肝洗净切成片，拌入香油和水淀粉。
2. 将食用油放入锅内，待油热后投入花椒和蒜片煸香。
3. 放入鸡肝片大火爆炒，炒好后盛出。
4. 锅留底油，投入小辣椒段翻炒至断生。
5. 再把炒好的鸡肝与辣椒一起翻炒，放入食盐出锅即成。

营养分析 >>

鸡肝中的维生素 A 含量极高，维生素 A 是构成感光细胞的物质之一，还能促成眼泪的分泌，让你拥有一双明亮清澈的眼睛。小红辣椒中维生素 C 相当丰富，可提高眼睛的抗病能力，缺乏维生素 C 更容易患白内障。

温馨提示 >>

1. 购买鸡肝时一定要看清楚，变色的鸡肝不要购买。2. 小红辣椒味道非常辛辣，怕辣的女性注意控制用量。

【豌豆苗炒豆腐丝】

[材料]

豌豆苗、豆腐丝、食用油、姜粒、食盐。

[制作方法]

1. 豌豆苗洗净。
2. 将食用油放入锅内，待热后下入姜粒和豆腐丝炒香。
3. 投入豌豆苗大火翻炒，再下入食盐出锅即成。

温馨提示 >>

豌豆苗不要炒得太久。

营养分析 >>

豌豆苗含维生素 C 非常高，可有效阻止自由基对眼睛的伤害，除此之外，豌豆苗还是维生素 A 的极佳来源，可预防夜盲和近视，对于长期看电脑的白领一族有很好的保护作用。豆腐丝中含有丰富的钙和维生素 B_2，可有效保护视网膜，为眼部细胞提供营养。

【蛋黄焗红薯】

[材料]

鸡蛋、红薯、食用油、食盐。

[制作方法]

1. 红薯洗净去皮切成条形，最好切均匀。
2. 鸡蛋打开去清，把蛋黄倒入碗内，再放入食盐用打蛋器打好待用。
3. 上锅注入清水大火烧开，倒入红薯条焯水，焯好后捞出滤干水分。
4. 将焯好的红薯条放在打好的鸡蛋里面拌匀。
5. 将食用油放入锅内，待油热后下入拌好的红薯条，微炸至金黄色出锅即可。

营养分析 >>

鸡蛋黄中富含维生素A和钙，还富含钙、磷、铁等矿物质。红薯中也含有一定量的维生素A，而且红薯号称营养最全面的食物，人体所需的营养素几乎都能在红薯中找到。最重要的是红薯中的纤维素含量很高，口味又很甘甜，女性朋友可以多吃而不用担心发胖。

温馨提示 >>

选购红薯时不要贪大，选择一般大小的即可。

三、远离黑眼圈、眼袋和眼角纹该怎样吃

黑眼圈：现代女性生活和工作压力，往往造成失眠、紧张、睡眠不足，这些状况都能促使黑眼圈的生成。黑眼圈会给我们的容颜和整个精神状态大减分。要想避免黑眼圈的生成，首先要避免眼疲劳，保持充足睡眠，睡眠的枕头高度要适中，睡前不可喝过多的水以及食用高盐食物，以免刺激黑色素在眼部周围的堆积，同时还会造成早晨眼皮水肿。第二，不要过量食用辛辣食物以及烟酒，这样会导致眼睑局部血管收缩功能下降，导致眼睑处水肿、瘀血、色素沉着。第三，要经常做眼保健操，按摩眼部周围，促进眼部血液循环，这样也可以避免黑眼圈的生成。

由于休息不好造成的黑眼圈一般都是暂时的，只要处理得当很快就可以改善。有些女性的黑眼圈是长期存在的，涂抹各种眼霜都不起作用，那么就应该考虑是否是脾肾虚弱、气血不足、血液循环不畅，造成眼部细胞供氧不足而形成的血管性黑眼圈。除了要补充维生素 C，还需要补气补血，才能彻底还你一个白白净净的眼睑。

眼袋：眼睛的肌肤很薄，容易出现水肿形成水肿眼袋。眼睑肌肤和皮下组织松弛，下眼睑脂肪堆积，就会形成袋状突起的脂肪眼袋。也就是说，眼睑下面的这个“眼袋”里面装的有可能是水，有可能是脂肪。无论是什么，这都是人体老化的具体表现之一。若保养不当，眼袋会提前光临我们的眼睑。睡眠不足、饮食不当或肾脏不好，都会形成眼袋，随着年龄增长会愈加明显。

在饮食上要注意膳食平衡，保持我们体内必要的脂肪含量，多食用胶原蛋白丰富的食物以避免肌肤松弛，多食用利水的食物，如红豆、冬瓜、马铃薯、苹果、薏苡仁等。若为肾虚引起的眼袋，则要多食用羊肉、海参、核桃等补肾食品。

眼角纹：随着年龄的增长，眼角纹会悄悄爬上我们的眼梢。眼角纹是女性朋友“最可怕”的现象，这证明青春渐行渐远，我们逐渐走向衰老。随着年龄的增长，肌肤中的弹性纤维和胶原纤维逐渐受损老化，肌肤失去了弹性，松弛的肌肤聚拢便形成了鱼尾纹。要想鱼尾纹更晚更慢地来临，我们要多补充弹性纤维和胶原纤维丰富的食物，同时注意肌肤的清洁保养，就可以赶走眼角纹，更长时间拥有明亮的眼睛。

【桂圆黑糯粥】

[材料]

黑糯米、黑芝麻、桂圆、红枣、莲藕、红糖。

[制作方法]

1. 黑糯米、黑芝麻、红枣洗净，桂圆去外壳。
2. 莲藕洗净切成小丁，红糖用开水溶化开。
3. 上锅注入清水，下入黑糯米、黑芝麻、桂圆和红枣，大火煮至米开花。
4. 再倒入莲藕丁，煮至浓稠时倒入化开的红糖关火即可。

营养分析 >>

桂圆和红枣都是常见的补血佳品，黑糯米是较为珍贵的稻米，它软糯香甜、营养丰富、补血养气，被誉为“补血米”。黑芝麻中含有人体必需氨基酸、维生素 E，可加速眼部细胞代谢。中医认为黑芝麻还可以补肝补肾、预防贫血、充盈肝肾精血，有效去除黑眼圈。莲藕中含有丰富的维生素 C，可帮助眼部供氧。桂圆黑糯米粥通过补血补气，为眼部提供充足的养分和氧分，去除黑眼圈。

温馨提示 >>

火盛热燥时不要食用黑米。

【核桃排骨煲】

[材料]

排骨、枸杞子、核桃、红枣、当归、生姜、食盐。

[制作方法]

1. 排骨洗净剁成小段，枸杞子、红枣、核桃、当归洗净，生姜拍松。
2. 上砂锅注入清水，放入生姜、排骨、枸杞子、核桃、红枣和当归大火烧开，再改小火慢炖。
3. 汤散发浓香时放少许食盐关火即可出锅。

营养分析 >>

当归和红枣是补血养气常见食物，女性朋友尤其需要经常进补。排骨中含有丰富的钙质和蛋白质，能为眼部细胞提供丰富的营养。核桃营养丰富，含有丰富的蛋白质、脂肪、矿物质和维生素，不仅可补脑益智，还可补气养血、散肿消毒，也可以补充眼部营养，促进眼部微循环，预防和消除黑眼圈。

温馨提示 >>

在购买排骨时最好选小排最好。

【莲子银耳汤】

[材料]

雪梨、银耳、莲子、冰糖。

[制作方法]

1. 银耳洗净用冷水泡 2 小时，莲子洗净浸泡 2 小时，雪梨洗净去皮切成小块。
2. 将泡好的银耳莲子倒进锅内，连同泡的水一起倒进去，如果水不够再加一些。
3. 等大火烧开改小火慢煮，至汤浓稠时放入冰糖即可。

营养分析 >>

莲子性平，入脾肾经可补脾益肾，能促进睡眠消除疲劳。尤其是莲子心味道虽极苦，却有显著的强心作用，能扩张外周血管，促进眼部周围血液循环，常吃可有效缓解“熊猫眼”。

温馨提示 >>

银耳汤熬制的时间比较长，如果不愿意等也可以用高压锅煮。

【苹果炖马铃薯】

[材料]

苹果、马铃薯、生姜粒、食盐。

[制作方法]

1. 苹果洗净切成小块，马铃薯洗净去皮切成小块。
2. 上锅注入清水，投入生姜粒、苹果块和马铃薯块大火烧煮至马铃薯烂熟，再放入食盐搅匀即可。

营养分析 >>

苹果和马铃薯都是高钾食物，可利水消肿、消除眼袋。苹果营养丰富，含有大量的果胶、维生素和矿物质，性质温和，被称为“平安之果”。马铃薯营养全面，可健脾和胃，而且它热量较低，因此亦可作为瘦身之主食。

温馨提示 >>

购买马铃薯时注意表面泛青或发芽的不可食用。本品也可以用白糖代替食盐，煮成甜品。

【绿豆冬瓜饮】

[材料]

绿豆、冬瓜、蜂蜜。

[制作方法]

1. 绿豆洗净用水泡 1 小时。
2. 冬瓜洗净去皮切成块。
3. 上锅注入清水，倒入泡好的绿豆。
4. 大火煮至绿豆开花时，再投入冬瓜块煮至冬瓜烂熟，下入蜂蜜搅匀即可。

营养分析 >>

绿豆和冬瓜都是具有利水消肿之功效，可有效预防水肿性眼袋。绿豆还能平衡电解质、清热解毒、散翳明目，在夏季尤其适用。冬瓜是女性朋友常用的减肥瘦身食品，因为冬瓜的热量极低，又能有效阻止糖类转化为脂肪。冬瓜中还含有丰富的维生素 C 和钾，可有效保护肾脏，消除黑眼圈和眼袋。

温馨提示 >>

绿豆一定要选择大颗粒并且饱满的，有一种很小的“铁绿豆”是很难煮熟的。

【鸡架汤】

[材料]

鸡架、猪皮、花椒、料酒、食盐。

[制作方法]

1. 鸡架剁成大块，猪皮切成大块。
2. 上锅注入清水大火烧开，将剁好的鸡架和猪皮在沸水里焯下水，捞出用冷水冲洗干净。
3. 上砂锅注入清水，下入鸡架、猪皮、花椒和料酒大火烧开，改小火慢炖 2 小时左右放入食盐关火即可。

营养分析 >>

鸡架主要是鸡皮和鸡骨，鸡皮和鸡的软骨当中都含有大量的硫酸软骨素，是弹性纤维中最重要的成分之一。鸡架汤不仅价廉物美还营养丰富，长时间喝还能使肌肤细腻。

温馨提示 >>

慢性胆囊炎、冠心病、高胆固醇、高血脂患者不宜食用。

【啤酒烧鱼】

[材料]

啤酒、草鱼、青红椒、番茄、料酒、食用油、豆瓣酱、花椒、葱姜蒜、食盐。

[制作方法]

1. 草鱼洗净剁成块，青红椒和番茄洗净切成块。
2. 上锅将食用油放入锅内，热至七成时下入草鱼块，稍煎一下捞出。
3. 把锅洗净，烧热后再将食用油放入锅内，将料酒、豆瓣酱、花椒和葱姜蒜炒香。
4. 倒入煎好的鱼小炒一会，倒入啤酒煮至香味飘出，下入青红椒块、番茄块和食盐翻炒一会关火即可。

营养分析 >>

啤酒中的酒精含量少，可刺激食欲，而且啤酒中还含有丰富的 B 族维生素和麦芽糖，可补充肌肤营养减少鱼尾纹。草鱼肉中含有丰富的胶原蛋白，可促进胶原纤维的生成，对于减少眼角纹有很好的预防作用。草鱼中还含有丰富的维生素 E，也可有效抗击眼角纹。

温馨提示 >>

选购草鱼时最好是鲜活的。

>>

第7章 吃出长发飘逸

——头发的营养不容忽视

一、头发打来的营养电话你一定要接

拥有一头乌黑亮泽且飘逸的长发，是每个女性的梦想。但是现代的高压生活、工作疲劳、不健康的饮食、环境的污染以及来自染发烫发的重金属伤害，使很多人的头发变得干枯粗糙、开叉易断，这极大地影响了我们的形象。

首先，我们来了解一下头发的结构。头发从外到里分为3层：表皮、皮质、髓质层。头发的表皮跟肌肤的表皮一样提供保护作用，保护着头发内层不受伤害。表皮由许多细小的鳞片组成，为头发提供光亮的色泽，对药物有一定的抵抗力，但不耐碱性。物理性的摩擦会损伤鳞片，因此头发不宜过多的梳理，洗头的时候更不要用毛巾摔打头发以求头发快干。头发在湿润的时候鳞片打开，此时若用吹风机吹干头发，容易让发质干枯，所以洗完头最好让头发自然干透。皮质层是由一层螺旋蛋白纤维组成的纤维束，决定着头发的弹性和韧性，纤维束具有吸湿性，耐化学物质，但是不耐碱。髓质是一个中空组织，决定着头发的硬度。髓质厚则头发硬，髓质薄则头发软。

阳光照射、各种碱性的染烫液、干燥的气候、不合理的梳理都是造成头发伤害的原因，因此对于洗发养发用品的选择非常重要。头发的营养全部来自于发根的毛乳头吸收人体血液中的营养，血液的营养来自于日常饮食。于是，给头发供给充足的营养，就必须要搭配好饮食结构。

那么，头发需要哪些营养呢?

首先是蛋白质。头发是角蛋白经过角质化后所形成的，因此蛋白质是头发的基础物质。如果饮食中蛋白质缺乏，头发就会因为构成材料缺失而造成生长缓慢、断裂和分叉。富含蛋白质的食物包括鱼类、肉类、禽蛋类和豆制品。每日补充充足的蛋白质，才能拥有健康的头发。

其次是维生素。维生素 A 可维持发根表皮细胞的正常功能，因此维生素 A 对于头发的营养吸收有着不可替代的作用。 B 族维生素可促进头皮新陈代谢，让头发光泽飘逸；维生素 C 和维生素 E 均能促进血液循环，让头发更能顺利地吸收血液中的营养；维生素 D 可增强头发髓质厚度，让头发变得浓黑茂密。

钙、锌等矿物质与头发的关系也相当密切，缺锌会导致毛发颜色变淡、脱落，缺碘会影响头发的润泽度和光亮度，钙、铁可充盈毛干，经常食用含钙、锌、镁、铜、铁、磷、钼及维生素丰富的蔬菜水果，可加速黑色颗粒的合成，促进并保持毛囊生长黑发。

二、柔顺黑亮的发质要靠正确的饮食

蛋白质是构成头发的基本物质，因此我们需要摄入充足的蛋白质才能保证头发的营养供给。从中医的角度来说，气血足则发质充盈，选择传统的补血食物，比如黑芝麻、红枣等，也是健康发质的优先选择。干果及豆类食物，不仅蛋白质丰富，还含有丰富的矿物元素，能让头发乌黑亮丽，这也是保护头发经常选用的食物品种。

【猪肝炒黑木耳】

[材料]

猪肝、黑木耳、胡萝卜、姜末、蒜片、生粉、食盐、食用油、醋、料酒、白糖。

[制作方法]

1. 猪肝彻底冲洗干净切成薄片，黑木耳温水泡发洗净撕成小朵，胡萝卜切成片。
2. 将清洗好的猪肝片沥干水分，调入生粉、料酒和少许食盐。
3. 锅中放食用油烧至四成热，下入浆好的肝片迅速滑散至变色盛出备用。
4. 锅中留底油烧后，放入姜末、蒜片爆香，接着放入胡萝卜片及黑木耳翻炒，调入少许食盐、白糖和一点点醋炒匀即可。

营养分析 >>

猪肝中含铁和锌丰富，还含有丰富的维生素 A，是补血食品中最常用的食物，也是亮发的常用食物。黑木耳的含铁量很高，可益气活血、充盈毛干，让头发更加粗黑。胡萝卜含有很高的 B 族维生素，可促进毛囊细胞的新陈代谢，同时胡萝卜又含有一种特别的营养素——胡萝卜素，可维护毛根上皮组织的正常功能。

温馨提示 >>

1. 肝脏是解毒的器官，所以刚买回来不要急于烹饪，应先彻底清洗干净后切成片，再放在淡盐水中浸泡 30 分钟，反复换水至水清为止。因为淡盐水呈高渗状态，能有效吸附滞留于肝组织中的毒性物质。2. 翻炒黑木耳为了防爆，可事先用沸水汆一下。

【黑芝麻糊】

[材料]

黑芝麻、糯米粉、白糖，根据个人喜好和来源任意选择加入核桃仁、小米、黑米、薏苡仁、玉米、黑豆、红豆、黄豆、淮山以及其他五谷杂粮。

[制作方法]

1. 炒制黑芝麻粉：将黑芝麻洗净沥干水分，放入烤箱调到 150℃烘烤 10 分钟左右，没有烤箱放入锅中用小火炒熟也是一样的，烤熟的黑芝麻放入食品搅拌机中打成粉末状，放入储存罐中密封保存。
2. 炒制糯米粉：糯米粉放入锅中用小火炒熟至颜色变黄，备用。
3. 将炒制好的黑芝麻粉、糯米粉和白糖以 2：1：1 的比例用沸水冲调即可，芝麻糊的浓稠度可以根据个人喜好酌量添加沸水调整。也可以铝锅用慢火煮，不停地用勺搅动，很快就越来越稠，稠到一定程度就可以。
4. 同样的方法可以将辅料烘烤至熟后打磨成粉，随自己喜好适量添加，即调制出自己独家秘制的黑芝麻糊。

营养分析 >>

黑芝麻糊不但味道极佳，而且具有很好的医疗作用。中医认为，芝麻味甘、性温，有补血、润肠、养发等功效，适于治疗身体虚弱、贫血、头发枯黄等症状。

温馨提示 >>

芝麻所含的脂肪酸是以多元不饱和脂肪酸为主的，如果保存不当，比较容易氧化变质。因此，保存芝麻食品时最好采用密封的方法，并存放在阴凉的地方避免光照和高温。

【冰糖蛋黄羹】

[材料]

鸡蛋、番茄、冰糖。

[制作方法]

1. 鸡蛋煮熟后取出蛋黄压成泥，番茄洗净去皮切碎。
2. 锅中加清水煮沸，再加入冰糖煮至溶化，撒入切碎的番茄，将蛋黄泥放入搅匀即可。

营养分析 >>

蛋黄富含铁、硫、磷和维生素 A，这都是头发喜欢的营养素，虽然蛋黄中的铁吸收不好，但是番茄可以促进铁的吸收，这样就大大促进了养发的效果。番茄中富含的胡萝卜素和维生素 C，也可以养发护发。

温馨提示 >>

若喜欢番茄酸酸的味道，可以不放冰糖，这样也可以减少热量的摄入。鸡蛋中的蛋白也要吃下去，为头发提供基础物质。

【凉拌三色丝】

[材料]

海带丝、豆腐丝、胡萝卜丝、葱花、红油、花椒油、香油、蒜泥、生抽、食盐、醋。

[制作方法]

1. 将海带丝与胡萝卜丝焯水。
2. 将海带丝与豆腐丝、胡萝卜丝加食盐、淋上红油、花椒油、香油、醋、蒜泥和生抽，再撒上葱花即可。

营养分析 >>

海带含有钙、铁和碘，能对血液起净化作用，让发质润泽光亮。豆腐丝中含有丰富的钙和蛋白质，胡萝卜素中含有丰富的维生素 A 原，这都为头发提供丰富的养料，促进头发正常发育，保护发质不受损伤。

温馨提示 >>

维生素 A 是脂溶性的维生素，吃胡萝卜一定要放油才可以吸收其中的维生素 A 原。新鲜海带要在温水中浸泡 1 ~ 2 小时，浸泡时间太短，其中可能污染上的砷去除不了，浸泡时间太长又可能损失很多水溶性营养素。

【豆腐鱼丸汤】

[材料]

豌豆尖、豆腐、鱼肉、生姜粒、葱花、食用油、鸡蛋清、食盐。

[制作方法]

1. 鱼肉剁成鱼蓉，豆腐切成条，豌豆尖洗净，鸡蛋清打散。
2. 把剁好的鱼蓉装盘，倒入鸡蛋清拌匀制成鱼丸。
3. 将食用油放入锅内，注入清水，下入生姜粒大火烧开。
4. 投入豆腐条煮一小会，再下入鱼丸和豌豆尖大火煮开。
5. 最后下入食盐并撒入葱花快速关火盛出。

营养分析 >>

鱼肉和豆腐中均富含蛋白质和钙等物质，豌豆尖是蔬菜中含铁量之冠，维生素 A、维生素 C 以及维生素 B_2 含量也很高，这些均是头发所需要的营养素。可以说豌豆尖几乎就是为护发准备的食物，对于补气养血和美肤护发都非常有效。

温馨提示 >>

下鱼丸的时候可以用勺子往锅里面慢慢放。

【小尖椒炒田螺】

[材料]

小红尖椒、田螺、花椒、干红辣椒、泡椒、生姜粒、葱头、食用油、味精、八角、豆瓣、料酒、食盐。

[制作方法]

1. 田螺买回后放清水里养2天，用剪刀剪去尾部，洗净后再放清水里养半天，捞出沥干水分。
2. 小红尖椒洗净切成段，干红辣椒洗净切成段。
3. 大火将锅烧热，倒入切好的红尖椒煸干待用。
4. 将食用油放入锅内，待油热至八成时下入花椒、泡椒、干红辣椒、豆瓣、生姜粒、葱头和八角炒香。
5. 投入田螺大火翻炒一会，烹入料酒。
6. 继续大火翻炒至水分快干时，投入煸好的小红辣椒和葱头大火炒至水分完全干，放入食盐和味精出锅即成。

营养分析>>

田螺肉质细腻且味道鲜美，有“盘中明珠”之美誉，营养价值非常高，仅次于虾。田螺中富含优质蛋白、钙、铁、磷，同时还含有硫胺素、核黄素、维生素 B_1、维生素E、镁、锰、锌、钾、钠等多种维生素和微量元素。因为田螺的这些营养特点，也被作为美发珍品。小红尖椒中含有丰富的维生素C，抗氧化能力极强，可有效提高头皮细胞的抗病能力。同时辣椒性温、田螺性寒，食性搭配也正好。

温馨提示>>

田螺买回家后最好在水里养2天再吃。

【番茄猪肝汤】

[材料]

番茄、猪肝、姜末、葱花、水淀粉、食用油、鸡精、食盐。

[制作方法]

1. 番茄洗净去蒂切成片。
2. 猪肝洗净后在淡盐水里面泡 15 分钟，切成薄片。
3. 把切好的猪肝片装入盘内，拌入水淀粉和食盐。
4. 将食用油放入锅内，待油热后倒入切好的番茄片和姜末翻炒几下。
5. 注入清水大火烧开，下入拌好的猪肝大火煮熟。
6. 放入食盐和鸡精，撒入葱花即可关火出锅。

营养分析 >>

猪肝是常用的补血食品，它含铁丰富，经常食用可改善贫血，气血足才可为头发运送更多的营养物质。猪肝中含有丰富的维生素 A 可保护视力，促进发根上皮细胞的生长，增强受损头发的修复能力。番茄中富含维生素 C，可增强头发的抗病能力。同时番茄中含有维生素 A 原，猪肝中也含有一定量的维生素 C 和微量元素硒，它们互为补充，加强了人体头发的抗病和修复功能。

温馨提示 >>

选购猪肝时一定要选择颜色鲜亮的，变色的猪肝不新鲜最好不要买。

【核桃鸡蛋豆饼】

[材料]

葡萄干、核桃仁、花生、芝麻、芹菜叶、鸡蛋、食用油、奶粉、玉米粉、黄豆粉、黑豆粉、面粉。

[制作方法]

1. 核桃仁、花生、葡萄干剁碎，芹菜叶洗净切成末，鸡蛋打散待用。
2. 把玉米粉、奶粉、黄豆粉、黑豆粉、面粉和打好的鸡蛋倒在一起，加点清水和切好的芹菜叶拌好。
3. 把剁好的核桃仁、花生和葡萄干一起放进去拌匀。
4. 将食用油放入锅内，油热至七成时改小火，用大点的勺子将拌好的各种粉舀进锅里摊成饼，煎至两面金黄，出锅时撒入芝麻即成。

营养分析 >>

本品由于材料众多，钙、铁、锌、硒和维生素 A、维生素 B、维生素 C、维生素 E 都非常丰富，可补气养血预防发质枯黄开叉，还可增强头发的免疫能力。豆类中含维生素生素 C 较少，因此，加入维生素 C 含量丰富的芹菜叶，可减少紫外线对头发的伤害，让发质滋润有光泽。

温馨提示 >>

因材料太多，各种粉的量不要太大。

>>
第8章
吃出健康身体
——完美女人进行时

一、如何控制热量摄入——进餐的黄金规则

每个女性都梦想着拥有窈窕身姿，瘦身是女性永恒的话题。要瘦身最重要的就是控制热量的摄入，加大热量支出，这是瘦身的总原则。那么，如何才能保证健康与瘦身并济？现在我们一起来看看一些瘦身方法对人体的影响。

首先，运动减肥。这是瘦身方法中首选的健康减肥法，运动中我们能消耗掉大量的热量，燃烧掉大量的脂肪，而运动还可以促进血液循环，改善各种身体器官的功能。运动还可以愉悦心情，提高人的反应能力。但是，运动也是要讲究方法的，一是要根据自己的身体情况选择适合的运动项目。二是运动的时间要把握好，当身体运动需要大量的热量时，首先是要从碳水化合物中摄取能量，30 分钟以后才会消耗脂肪能量。因此运动必须持续在 30 分钟以上。很多白领工作的时间太长，留给运动的时间太短，现在很多地方流行工间操，在办公桌前便可轻松运动，这是一件值得借鉴的事，运动要随时随地。

第二，节食减肥。瘦身期间如果没有过多时间去运动，那么节食就成为了必然选择，如何节食不影响健康又不那么“受罪”呢？

1. 节食要有最低热量限制。普通成人每日的基础代谢都在 5016KJ 以上。如果我们摄入的能量低于 5016KJ，那么身体会得到“热量不足”的信号，2 日热量不达标，身体会自动调节基础代谢，那么基础代谢的热量也会进而降低，这就是很多人节食也减肥失败的原因。倘若我们顺着这条死胡同走下去，越吃越少，最终的结果就是营养不良，外加厌食症。

2. 用粗粮代替细粮。很多细粮，如白面包、蛋糕等都会产生大量的胰岛素，促使脂肪存储，并能降低基础代谢率。粗粮中热量低，而

且含有丰富的膳食纤维，可以促进肠胃蠕动，帮助消化，还可产生饱腹感，防止我们贪恋美食而吃得过多。

3. 少吃多餐。少吃多餐会提高新陈代谢率，也可避免我们过度饥饿而过度进食，所以我们可以看到很多“零食嘴儿”的美女还那么苗条。只要选对了零食，也是有助于补充营养和消耗脂肪的。

4. 牢记低热量的食物种类，尽可能地选择热量低的食物来充盈我们的一日三餐。比如冬瓜、黄瓜、苹果、苦瓜、竹笋。对于油炸食品，我们还是要彻底戒掉才好。油炸类食品不仅热量高，致癌物质含量也高，我们又何必为了一时的美味而失去两条健康准则呢。油炸类食品还会引起上瘾，越吃越想吃。若长期不吃，也就不会那么贪恋了。

5. 做一个苗条的“辣妹子”。辣椒素会让身体释放更多的激素，加速新陈代谢，提高身体燃烧脂肪的能力，还可增强饱腹感。

坊间流传的瘦身偏方林林总总，鱼目混珠，对此我们分别对一些不健康的流行减肥方法做出剖析：

1. 不吃早餐。不吃早餐的女性应该不在少数，而胡乱对付早餐的女性更多。早餐要吃，而且要吃好。每天上午繁重的工作，全靠早餐来提供能量。如果不吃早餐，会导致血糖浓度降低，引起头晕和脑部能量不足，也影响工作效率。因此早餐不但要吃饱，还要吃得丰盛，主食、蛋类、蔬菜类一样都不能少。当然，物极必反，我们所谓的丰盛早餐，只是提倡早餐种类多样化，并不是指早餐要大鱼大肉。如果早餐吃过多的脂肪和蛋白质，会让血氧过多的用来消化这些食物而导致脑部供氧不足，一样会引起头晕脑涨，降低工作效率。

2. 不吃主食。大家都知道主食中的碳水化合物是最大的能量来源，忽略了脂肪的产热能力更高。是对荤菜的贪欲，让我们将“热量过多”的罪责推给了主食。尤其作为脑力劳动者，更应该吃主食，脑细胞的线粒体不能将脂肪转化为能量，只能靠碳水化合物来提供能量，因此碳水化合物才是高速运转的脑细胞的能量来源。不吃主食会导致脑部能量不足，而降低脑细胞的功能。同时有研究表明，人体代谢蛋白质和代谢糖类所消耗的热量，比代谢脂肪所消耗的能量要多很多，也就是说，在同等产热量的条件下，吃脂肪会更容易造成体内脂肪堆积。因此，同等热量的主食和蛋白质比脂肪更利于瘦身。

3. 杜绝产热的蛋白质。蛋白质是生命活动最基本的物质，参与和构成各种细胞，身体的发育和损伤组织的修复都离不开蛋白质。实际上蛋白质的产热并不高，和碳水化合物的产热能力相当，还利于人体内盐分和水分的排出，从而预防和消除水肿型肥胖。蛋白质的消化时间较长，给人持久的饱腹感，使人不容易感到饥饿。最重要的是，蛋白质不会变成无法消失的热能囤积在体内，并且其中的 30% 会因体温的上升消耗掉。

4. 减肥速成论。这一点，对于很多减肥产品来说是最喜欢叫嚷的口号。为了迎合“懒女人”和“馋女人”的心理特点，便打出“不用节食，无需运动”便能在多少天之内减重的口号。我们要明白，首先，迅速减重不是一件容易的事。其次，就

算真的用一些极端手段迅速减重了，这对身体健康的伤害也是很大的。体重的突然变化，会让我们的心脏适应不了，会影响心脏的功能。维持体重的相对稳定，是保护心脏的一条重要措施。

5. 肥胖则为营养过剩。很多肥胖者从来不担心自己营养不良，但是又的确有很多肥胖者“胖并虚弱着”，其实肥胖只是脂肪过剩而已，脂肪只是众多营养物质的一种。相对而言，肥胖者很多是因为缺乏将脂肪转化为能量的一些辅助营养素，比如硫胺素、磷、锌、硒、铁等。在瘦身过程中，我们还要更多的补充这些缺乏的营养物质，尤其是铁，铁能够提高血液的携氧能力，脂肪的代谢要依靠大量的氧，因此瘦身的时候补充铁元素，也是非常重要的。

第三，除了运动和节食，我们最容易忽略的瘦身方法便是睡眠和心理因素。充足的睡眠可以维持稳定的新陈代谢，而且充足的睡眠也会让人神清气爽，不知不觉的就多了很多舒展的锻炼动作。现代职场女性压力很大，长时间的压力让人感到慵懒，不知不觉的缺乏运动。同时压力也会刺激压力激素将更多的脂肪堆积到腰腹部，压力还能扰乱身体的代谢规律，让身体滞气纳水而形成“虚胖”。

二、别让低热饮食影响营养平衡

想要苗条的女性控制热量的摄入，在节食的同时要千万注意营养的均衡与充足。按照中国居民膳食指南中所说，每日摄入的食品应该包括油脂、肉类、禽蛋类、豆制品类、蔬菜和果蔬以及主食。如何既能控制热量，又能补充充足的营养呢？下面这些食谱，可以为你排解这个难题。

【四色素炒片】

[材料]

茭白、木耳、胡萝卜、黄瓜、食盐、葱、姜、食用油。

[制作方法]

1. 茭白去叶削皮切成菱形片，木耳泡发洗净撕成小朵，胡萝卜和黄瓜切片。
2. 将胡萝卜片、茭白片、木耳一起焯水约 30 秒，捞出控水备用。
3. 锅放底油煸香葱、姜，倒入茭白片、木耳、胡萝卜片和黄瓜片爆炒 2 ~ 3 分钟，撒入食盐即可出锅。

营养分析 >>

茭白富含碳水化合物、膳食纤维、蛋白质、脂肪、核黄素、维生素 E、钾、钠等，具有开胃解毒和消脂瘦身的功效。黄瓜不但营养丰富热量也很低，适宜高血脂、肥胖病人食用。胡萝卜中含有丰富的胡萝卜素，木耳中纤维素含量也很高。

温馨提示 >>

茭白含草酸太多，制作前要做好初步的热处理，要过水焯一下，或开水烫过再进行烹调。

【蒜泥苦瓜】

[材料]

苦瓜、花椒油、食盐、蒜泥。

[制作方法]

1. 苦瓜洗净去瓤切成片。
2. 将食盐撒在苦瓜上，用手抓匀挤掉水分。
3. 将花椒油和蒜泥倒入苦瓜上拌匀即可。

营养分析 >>

苦瓜富含维生素 C，可保护细胞膜不受自由基侵害，还可增强免疫细胞的吞噬功能。苦瓜中含有一种极具生物活性的高能清脂素，可阻止脂肪、多糖等大分子物质的吸收，但并不影响维生素、矿物质等小分子营养素的吸收，苦瓜是名副其实的“瘦身清脂瓜”。

温馨提示 >>

苦瓜加盐之后可不用挤水，但是较苦。若喜欢苦瓜的“苦香”味的女性可直接凉拌，营养保留更全。

【芹菜炒香干】

[材料]

香芹、豆腐干、姜片、食盐、食用油。

[制作方法]

1. 豆腐干切条，香芹洗净撕去茎切成段。
2. 锅中放食用油，油七成热时放姜片煸炒几下，放芹菜段与干豆腐条爆炒，放食盐出锅即可。

营养分析 >>

芹菜中富含粗纤维和铁元素，可降脂降压清肝明目，芹菜中的碱性物质还有镇定安神的作用。豆腐干中富含蛋白质、钙和大豆蛋白，可以显著降低血浆胆固醇、甘油三酯和低密度脂蛋白，同时不影响血浆高密度脂蛋白。所以大豆蛋白恰到好处地起到了降低血脂的作用，有助于补充营养和减肥瘦身。

温馨提示 >>

1. 可用西芹代替香芹，也可用大芹菜切片炒香干。2. 较老的芹菜可撕去茎丝再用，吃起来不会感觉那么粗糙。

【两瓜炒鸡蛋】

[材料]

丝瓜、黄瓜、鸡蛋、木耳、小红椒、食盐、白糖、葱、姜、食用油。

[制作方法]

1. 丝瓜去皮清洗后切片，黄瓜切片，鸡蛋打成蛋液，木耳冷水泡发后撕成小朵，小红椒洗净去子去蒂切成菱片。
2. 锅内放水将木耳焯水，捞出控干水分。
3. 锅放底油，炒熟鸡蛋盛出备用。
4. 锅放底油，下入葱、姜和小红椒爆香。
5. 下入丝瓜片、黄瓜片和木耳大火翻炒。
6. 再放入鸡蛋、食盐、白糖翻炒均匀即可出锅。

营养分析>>

鸡蛋中含有最优质的蛋白，其中含有人体必需的8种氨基酸，与人体蛋白的组成极为近似，蛋黄中含有丰富的卵磷脂、固醇类、蛋黄素以及钙、磷、铁、维生素A、维生素D及B族维生素。丝瓜和黄瓜的热量很低营养却很丰富，不仅可以帮助瘦身，还可以防止肌肤老化，预防色斑和美白肌肤，是不可多得的美容瘦身佳品。黄瓜中含有一种生物活性酶，可促进机体代谢，新鲜黄瓜中含有的丙醇二酸，能有效地抑制糖类物质转化为脂肪，作为瘦身食品非常适合。小红椒中的辣椒素可让人产生饱腹感，同时可以促进新陈代谢，防止脂肪在体内堆积。

温馨提示>>

鸡蛋吃法是多种多样的，有煮、蒸、炸、炒等。就鸡蛋营养的吸收和消化率来讲，煮、蒸蛋为100%，嫩炸为98%，炒蛋为97%，荷包蛋为92.5%，老炸为81.1%，生吃为30%～50%。从补充蛋白质的角度看，蒸煮最好。

【瘦身苹果汤】

[材料]

新鲜苹果、酸枣、枸杞子、冰糖。

[制作方法]

1. 苹果去核切成片，酸枣洗净，枸杞泡发。
2. 将苹果片、酸枣和枸杞子放入砂锅中大火煮开，再加冰糖改文火慢炖30分钟即可。

营养分析 >>

苹果中含有果胶，有极强的饱腹感，可避免因食量过大造成的肥胖。苹果本身的热量也很低，多吃也无需担心发胖。酸枣中含有丰富的铁，可提高血红蛋白的含铁量，从而为血液携带更多的氧，加快能量代谢防止能量过剩引起的肥胖。

温馨提示 >>

冰糖热量高不可多放，喜欢酸枣酸味的女性也可以不放。

【香菇海带黄豆汤】

[材料]

海带、黄豆、香菇、姜片、猪油、食盐。

[制作方法]

1. 黄豆、海带、香菇泡发，将泡发好的香菇和海带切片。
2. 锅中放水，放入姜片，烧沸后放入黄豆、海带片和香菇片，再放入少许猪油。
3. 待黄豆烂熟之后放食盐出锅即可。

营养分析 >>

黄豆享有“植物肉”的美誉，所含的蛋白质高达40%，还含有卵磷脂和亚油酸、维生素B_1、维生素E以及铁、钙等矿物质。但黄豆皂角苷能促进排碘，所以配合含碘丰富的海带合吃是完美无缺的佳肴，而且海带黄豆和香菇中都含有丰富的铁，既补血又可促进能量代谢。香菇中含有丰富的氨基酸，可提高人体免疫力。

温馨提示 >>

1. 用温水将黄豆浸没，再将泡发的容器密闭，这样黄豆的泡发便会快很多。2. 香菇中含有谷氨酸和香菇精，本身就有提鲜的效果，因此有香菇的地方便不需要味精。3. 猪油的热量极高，因此汤中只放极少量即可，用猪油煮汤比较香一些。

【江湖鱼丁】

[材料]

鳕鱼、毛豆仁、香菇、冬笋、玉米粒、食盐、白糖、水淀粉、酱油、泡椒、葱、姜、蒜、食用油。

[制作方法]

1. 鳕鱼自然解冻后切成丁，用水淀粉挂浆备用，香菇泡发后去根切丁，冬笋漂洗后切丁。
2. 锅放食用油，油温在六成热时下入鳕鱼块，炸透后出锅控油备用。
3. 将毛豆仁、冬笋丁、玉米粒和香菇丁焯水，焯水后的水凉凉用做下一步做水淀粉之用。
4. 锅留底油，煸香葱、姜、蒜和泡椒，加食盐、白糖、酱油和水淀粉烧开，待汁黏稠后下入鱼块、香菇丁、冬笋丁、毛豆仁和玉米粒翻炒均匀，出锅即可。

营养分析 >>

本道菜中的食材均为低热食材，营养全面，有低热的肉食鳕鱼，有豆类，有提高免疫力的香菇，有碳水化合物的玉米粒，有高维生素的冬笋。这其中的姜、蒜和泡椒等较为刺激的调料，还可以促进代谢，燃烧更多的脂肪。

温馨提示 >>

品质最好的鳕鱼是银鳕鱼，法国产地的最好，其次是挪威产、智利产，银鳕鱼的营养价值占所有鱼类之首。

三、正确进食，告别“太平公主”称号

胸是女性的第二性征，每个女性都希望自己在拥有苗条身材的同时也能拥有傲人的身姿。但是真要做到这一点是很不容易的，因为乳房是由肌肤、结缔组织和脂肪组织、乳腺构成，随着年龄的增长，乳腺的弹性纤维减少，乳房开始松弛下垂，地球引力也会加剧乳房下垂的程度。乳腺组织与脂肪的数量决定了乳房的大小，而承托乳房的结缔组织决定着乳房是否挺拔。胶原蛋白是构成结缔组织的重要物质，所以丰胸一定要补充胶原蛋白。胸部的另外一个主要组成成分是脂肪，一般说来，只要身体的脂肪量下降，首先缩小的就是脂肪量最多的胸部和臀部。脂肪量小也会影响乳腺的发育，所以在节食减肥的同时注意多补充一些促进乳腺发育的食物。

维生素 E 可促进胸部发育，因此丰胸需要进补维生素 E。B 族维生素和维生素 A 会参与很多女性激素的合成，胶原蛋白是构成乳房的重要成分，豆类中的“植物雌激素”大豆异黄酮也可促进女性激素的分泌，帮助胸部发育。从中医角度来讲，常食用健脾益肾、益气补血及疏肝解郁的中药，也能美乳丰胸，如当归、党参、山药、玫瑰花瓣等。

【玉米玫瑰粥】

[材料]

玫瑰花、鲜玉米、粳米。

[制作方法]

1. 粳米洗净，鲜玉米将玉米粒剥下来洗净。
2. 将粳米与玫瑰花一起放到烧沸的水中煮开。
3. 待粳米六分熟时放入玉米粒，一起熬制到玉米粒熟，粥成粉红色即可。

营养分析 >>

玫瑰花天生是属于女性的，它可以行气活血、调和脏腑、理气解郁、调经止痛、疏肝解郁、丰胸美乳。鲜玉米种含有丰富的维生素 E，粳米中含有丰富的 B 族维生素，这些营养素都可以促进女性激素的分泌，为胸部提供充分的养料。

【豆花猪蹄汤】

[材料]

猪蹄、黄豆、花生、姜、食盐、花椒、葱花。

[制作方法]

1. 黄豆、花生洗净用温水发泡，猪蹄洗净烧掉细毛剁成块，在开水中焯水。
2. 砂锅中放水，加姜、食盐、花椒煮开。
3. 放入猪蹄、黄豆、花生文火慢炖至熟烂，出锅时撒上葱花即可。

营养分析 >>

黄豆与猪蹄含蛋白质均非常丰富，有利于胸部发育。花生中含有丰富的不饱和脂肪酸和维生素 E，可让胸部变得丰满。花生和黄豆中丰富的 B 族维生素，可促进激素的合成。而黄豆中大量的大豆异黄酮被称为植物雌激素，可促进女性激素的分泌，让乳房更加挺拔。

温馨提示 >>

花生非常容易霉变，霉变的花生有毒，在选择的时候注意择去霉变的花生。

【荸荠棒骨汤】

[材料]

荸荠、核桃、白扁豆、木耳、棒骨、姜片、醋、葱花、食盐。

[制作方法]

1. 荸荠洗净去皮，核桃、木耳、白扁豆泡发，棒骨洗净敲断。
2. 锅中放水，放入棒骨和姜片大火烧开。
3. 汤中加 2 勺醋改文火炖，炖至棒骨七分熟时加入荸荠、核桃、木耳、白扁豆和食盐。
4. 所有食材炖熟即可出锅，出锅时撒上葱花。

营养分析 >>

核桃中含有丰富的维生素 E，有助于胸部的发育。白扁豆可健脾益肾、促进胸部发育，其 B 族维生素含量非常丰富，可促进女性激素合成，从而为乳房输送更多的养分。荸荠中含磷量是根茎类蔬菜中最高的，可促进身体发育，维持女性特有的生理功能，常用做丰胸滋补之用。棒骨中含丰富的钙质、蛋白质和脂肪，尤其是棒骨中的骨髓可补充精血、益肾填髓。

温馨提示 >>

在汤中加醋是为了钙质更好地析出，醋酸易挥发，因此不必担心会影响汤汁的味道。

四、太过骨感如何增肥

在中医中没有肥胖这个说法，中国医学认为，体内皮脂过多过少皆因脾胃不和所致。脾为后天之本，气血生化之源，脾胃健，气血盛，则肌肉丰腴、肢体强劲。体重过轻的首要原因是遗传，如果身体没有其他毛病，不虚弱乏力，则无需增肥。一些情绪容易亢奋的人，由于内分泌的影响就可以加速热量的消耗，也容易偏瘦。身体消瘦还要排除一些疾病的影响，如甲状腺、糖尿病、肾上腺、消化系统疾病等。

很多瘦弱的女性都存在偏食挑食的现象，时常碰到不和胃口的食物便放弃食用，导致热量摄入过少。从营养的角度来讲，每餐均要摄入主食、豆制品、肉类、蛋类、果蔬类食物。作为偏瘦的女性尤其注意要多摄入碳水化合物，尽量吃容易消化吸收的面食、脂肪含量高的肉食。

瘦弱的女性还要保证充足的睡眠，以增加胃口缓解压力。下面给大家介绍几款增肥食谱：

【银耳鸽蛋羹】

[材料]

银耳、鸽子蛋、冰糖、枸杞子。

[制作方法]

1. 银耳洗净，用温水泡胀用手撕成小朵。
2. 将银耳放入高压锅里面，注入适量的清水，加枸杞子大火压30～40分钟关火。
3. 鸽子蛋打在碗中，放入蒸锅里用小火蒸成糖心蛋。
4. 将高压锅打开，灶上开小火，用勺子搅动汤汁至黏稠，倒进蒸好的鸽子蛋，放入冰糖关火即可。

营养分析>>

鸽蛋可补肝肾，改善血液循环、增强体质。银耳可保肝强骨、清热补气、提神润肺。本品为阴阳双补，可助阳纳气，对于人体气、血、阴、阳的不足所引起的虚劳均有调补作用，尤其适合身体羸弱或虚喘干咳者食用。

【菊花山药排骨煲】

[材料]

菊花、山药、排骨、姜、食盐。

[制作方法]

1. 菊花洗净，山药洗净去皮切成段。
2. 排骨洗净用开水焯出血水，再用热水冲洗干净待用。
3. 上砂锅注入清水，烧开后放入排骨和姜大火烧开，再改小火慢炖。
4. 至汤白时放入山药段再炖半小时左右，下入菊花炖至汤浓味香，放食盐关火即可。

营养分析 >>

排骨的营养价值很高，不但富含脂肪、蛋白质和钙，各种矿物元素含量也很高。山药可健脾和胃，促进消化吸收。一般瘦弱的人阳火旺盛而阴虚、内心燥热、易烦易怒，因此在滋补的同时需要降火，菊花则是降火的最佳食材之一，可清心明目、镇静解热。

【参芪炖鸡】

[材料]

党参、黄芪、红枣、母鸡、食盐。

[制作方法]

1. 党参、黄芪、红枣洗净，母鸡洗净剁成块。
2. 上锅注入清水，待大火烧开后把剁好的鸡肉倒进沸水中焯水。
3. 取炖盅把焯好水的鸡肉、党参、黄芪和红枣放入盅里面，注入适量的清水。
4. 上蒸锅放入蒸架，注入适量的清水把炖盅放入蒸锅里面，大火蒸至盅里面的肉松软，汤浓味香时放入食盐即可出锅。

营养分析 >>

鸡肉的肉质细嫩，富含优质动物蛋白，而且极易消化吸收，有增强体力和强壮身体的作用。党参可补中益气、健脾益肺、增强人体免疫力。黄芪除了补气益血还有美容功效，很多美容品中均有黄芪成分，常吃黄芪也利于润肤抗皱。

五、孕龄期应该吃什么

孕育上了小宝宝，让准爸妈们惊喜之余也忧心忡忡。对于孕期的饮食运动等均变得小心翼翼，就怕哪里有所闪失而伤害肚子里的小宝宝，因此孕期妇女的饮食要特别注意以下几点：

1. 控制体重增长过快。很多孕妇因为怕腹中胎儿“吃亏”，于是完全不根据自己的身体状况胡吃海喝，导致体重增长过快，这样会造成胎儿营养过剩，孕妇急剧肥胖，分娩困难。

2. 优质蛋白需求增加。《中国居民膳食指南》建议孕中期每日增加蛋白质 15g，孕后期每日增加优质蛋白 20g（约 2 个鸡蛋所含蛋白质量）。

3. 饱和脂肪酸与不饱和脂肪酸需求增加。很多孕妇平常为了身材苗条不吃荤，但是胎儿对饱和脂肪酸的需求量也很大，因此在孕期需要适当补充一些动物性脂肪。孕妇的血脂本来就较高，所以在补充的时候也需要控制量，每日补充动物脂肪 25 ~ 35g。

4. 矿物质需求量增加。由于胎儿的身体发育对钙、铁、锌、硒、碘等需求量大大增加，随着孕妇的食量增加，一般不会缺乏，但是由于各种原因，孕期缺钙、缺铁的现象比较严重，所以孕期要特别注意补充钙质和铁。

5. 维生素的正确运用。维生素 A 的补充，应尽量以补充维生素 A 原——β－胡萝卜素为佳，这样不会引起维生素 A 过量的不良作用，相对较为安全。维生素 D 缺乏容易引起低钙血症，因此孕妇要多接触阳光，让紫外线刺激胆固醇向维生素 D 转变，维生素 C 和维生素 B_1、维生素 B_2、维生素 B_6 有助于减轻孕吐。

6. 孕初期补叶酸。叶酸是一种复合 B 族维生素，在孕初期特别需要补充叶酸，以防止母体巨红细胞性贫血和白细胞减少而造成胎儿神经发育异常。由于现代蔬菜的营养素越来越不集中，必要的时候可以购买医用叶酸，根据医嘱进行补充。

7. 孕中晚期补充营养。到了孕中期和孕晚期，对于各种营养素的需求会大大增加。孕妇此时也需要注意粗细搭配，食物多样化。

8. 哺乳期营养特别需求。当孩子呱呱坠地，因为哺乳需要更多的能量和营养素，哺乳期妇女的饮食要增加脂肪和蛋白质的比重，热量需求比平常要多 1/3。

实际上，身体的自动调节能力是非常强的。为了新宝宝，身体会自动调节各项功能，以便为宝宝提供营养。因此，孕期和月子期间更多的是需要“顺其自然”。

孕早期对于饮食并无特别要求，不需要特别进补，只要按照平常的标准餐即可。很多孕妇一怀孕就开始进补，为产后肥胖埋下了伏笔。孕初期只需要额外补充叶酸，其实很多普通蔬菜中叶酸含量就很高了，如果常吃这些叶酸丰富的食物，就不需单独补充叶酸制剂。下面将叶酸含量较高的食物陈列出来：

每 100g 食物中所含叶酸（单位：ug/100g）

蔬菜种类	每 100g 中叶酸含量	蔬菜种类	每 100g 中叶酸含量
豇豆	75.4ug	娃娃菜	86.4ug
荷兰豆	58.4ug	苦苣	67.0ug
黑豆苗	140.7ug	芦笋	145.5ug
豌豆苗	99.5ug	空心菜	78.9ug
圣女果	61.8ug	油麦菜	77.9ug
彩椒	83.4ug	新西兰菠菜	116.7ug
秋葵	90.9ug	芥蓝	98.7ug
韭菜	61.2ug	羽衣甘蓝	113.4ug
奶白菜	116.8ug	油菜	103.9ug
鸡毛菜	165.8ug	乌塌菜	96.8ug
樱桃萝卜	79.5ug	樱桃萝卜缨	122.2ug

以上数据来自《中国食物成分表》

【叶酸大丰收】

[材料]

圣女果、樱桃、萝卜、苦苣、彩椒、莴笋、酸奶、食盐。

[制作方法]

1. 将圣女果、樱桃和萝卜洗净装盘，苦苣洗净用食盐稍腌半分钟。
2. 彩椒切成条，莴笋去皮切成块。
3. 直接用上述食材拌入酸奶即可。

营养分析 >>

上述食材不仅叶酸含量高，而且可直接生吃。高温烹调会导致叶酸流失，因此要补充叶酸最好生吃。酸奶中含钙丰富，作为本菜的辅料是一举两得。

温馨提示 >>

可用酱代替酸奶，风味更别致，只是苦苣就无需再用食盐腌了。

【芦笋炒荷兰豆】

[材料]

芦笋、荷兰豆、姜片、食盐、食用油。

[制作方法]

1. 芦笋洗净切片，荷兰豆洗净去茎。
2. 锅中放食用油，油热后加姜片煸香。
3. 再下入芦笋片及荷兰豆，大火快炒至熟，加食盐即可出锅。

温馨提示 >>

要急火快炒，尽量缩短炒菜的时间，以减少高温对叶酸的损伤。

营养分析 >>

芦笋与荷兰豆均是高叶酸的食物，而且维生素 C 含量也非常高。芦笋还含有丰富的纤维素，可帮助消化，在消化不良的孕期食用最为合适。荷兰豆还可益脾和胃、生津解毒，对小腹胀满和呕吐泄泻极为有效。

孕中期食谱安排（以 30 岁女性、身高 165cm、非孕体重 55kg、轻体力劳动为例）

能量及营养解析：非孕期时，该女性每日基础代谢率为 5559.4KJ，轻体力劳动者每日应摄取 8778KJ 能量。在孕中期，每日热量应多摄入 836KJ，因此每日应摄入 9614KJ 热量。

孕中期胎盘已经形成，母亲和胎儿都进入稳定期，此时是补充营养的大好时机。孕妈妈要有意识地补充优质蛋白、脂肪、钙铁锌等营养素，既要防止营养不良，又要防止营养过剩。

一天食谱安排：

早餐：豆沙包 80g、胡萝卜饼 80g、杂豆粥 100g、青菜虾仁 200g、酸奶 100ml

早加餐：麦胚面包 50g

午餐：米饭 100g、肉炒三丁 100g（三丁为大白菜、胡萝卜、马铃薯）、红烧牛肉萝卜 100g、干煸带鱼 100g、金针菇木耳豆腐 100g

午加餐：饼干 50g、哈密瓜 250g

晚餐：猪肉馅儿饼 100g、花生瓜子枣豆糕 50g、上汤菠菜 150g、牛奶 100ml

营养分析：此配餐为一天 5 餐，能量 9597.28KJ、蛋白质 83.4g、脂肪 88g、碳水化合物 302g、钙 938mg、铁 22mg、锌 12g、维生素 A1646ug、维生素 C163mg、维生素 E34mg、硫胺素 0.89mg、核黄素 1.05mg。其中蛋白质、脂肪、钙、铁、锌、维生素 A、维生素 C、维生素 E 均符合孕中期的要求量。

本天配餐中硫胺素与核黄素略低于最高标准，在其他天的餐次应该注意补充或直接补充相应量的制剂（孕中期要求硫胺素 1.5mg、核黄素 1.7mg）。

孕晚期食谱安排——(以30岁女性、身高165cm、非孕体重55kg、轻体力劳动为例)

营养及能量解析：非孕期时，该女性每日应摄取8778KJ能量，孕晚期应摄取9614～10032KJ热量。在孕晚期，胎儿逐渐长大会压迫胃容量，母体的消化功能减弱，因此膳食搭配应注意膳食纤维的摄入，增加餐次，同时注意蛋白质、钙、铁、维生素B_1等营养素的摄入，以保证胎儿的身体和大脑的健康发育。

一天食谱举例：

早餐：寿司卷100g、煮玉米150g、牛奶150ml、煮鸡蛋70g

早加餐：鱼肉蒸糕100g、胡萝卜汁150ml、苹果200g

午餐：米饭100g、肉片鲜蘑100g、海带炖鸡150g、番茄豆腐汤230g

午加餐：果酱蛋卷80g、南瓜浓汤100ml、柑橘200g

晚餐：八宝饭100g、腰果鸡丁80g、菠菜羹100g

晚加餐：花生芝麻糊糕100g、牛奶100ml、草莓220g

营养分析：本天配餐中，约含能量9935.86KJ、蛋白质105g、脂肪63g、碳水化合物361g、钙820mg、铁24mg、锌9.86mg、维生素A784ug、硫胺素1.79mg、核黄素1.54mg、维生素C189mg、维生素E26mg，各类营养素除锌之外均符合孕晚期营养需求，可在其他天餐次中补充或用制剂补充其不足部分。

六、催乳丰胸，一举两得

在过去的很长一段时间里，我们将催乳及丰胸食品分别进行研究，后来发现具有这两种功能的食物非常相似，凡是含蛋白质及脂肪丰富的，可以散瘀通血、补中益气的食物，对于通乳和丰胸均有帮助。比如含蛋白质和脂肪丰富的猪蹄，养血补气的鲶鱼，补虚去瘀的阿胶、甲鱼等，都是丰胸催乳的上等食材。

【米酒鸡蛋蒸豆花】

[材料]

米酒、鸡蛋、嫩豆腐、红糖。

[制作方法]

1. 将嫩豆腐倒进盆中，鸡蛋打入碗中。
2. 上蒸锅蒸架，把装嫩豆腐的盆放在蒸锅里面。
3. 蒸热后，放入米酒、鸡蛋和红糖，蒸至鸡蛋熟即可关火。

营养分析 >>

豆腐益气利水可以催乳，还富含钙和蛋白质。米酒可散瘀通血，促进乳汁分泌。红糖含有丰富的钙和铁，对于产后血虚很有帮助。鸡蛋还有丰富的优质蛋白质和卵磷脂，可提高乳汁的质量。

温馨提示 >>

在乳汁分泌较少时可添加一些红糖，但乳汁充裕之后则不宜常吃红糖，这样会增加产后出血。

【阿胶红枣粥】

[材料]

阿胶、红枣、冰糖、粳米、糯米。

[制作方法]

1. 阿胶用黄酒泡软蒸化，红枣、粳米、糯米洗净。
2. 上锅注入清水，下入红枣、粳米和糯米，大火煮至黏稠。
3. 倒入阿胶再煮一小会，放冰糖关火即可。

营养分析 >>

阿胶可滋阴养血、去瘀生新、补虚通乳，红枣有很好的补血效果，被古人列为五果之一，主要用于中气不足、虚弱乏力、血虚萎黄等症。乳汁不通多为气血虚弱，因此补气养血即可通乳催乳。

温馨提示 >>

若配合高维生素 C 的果蔬同吃，可更有效地发挥阿胶的作用。

【清蒸鲶鱼】

[材料]

鲶鱼、葱、酱油、食用油、生姜粒、食盐。

[制作方法]

1. 鲶鱼去甲剖开洗净。
2. 把洗净的鲶鱼装入盘内，将酱油、食用油、葱、生姜粒和食盐均匀地放在鱼上面腌渍 10 分钟左右。
3. 上蒸锅放入蒸架注入清水，放入腌好的鱼，大火烧开蒸至鱼熟，关火即可（根据鱼的大小，一般 10 ~ 15 分钟即可）。

营养分析 >>

鲶鱼含有丰富的蛋白质和矿物质，不仅营养丰富、味道香浓，还是催乳利尿的佳品。鲶鱼可滋阴养血、补中益气、开胃易消化，尤其适合产妇和老人儿童食用。

温馨提示 >>

喜欢清淡的，可以将众多作料直接放到蒸好的鱼上，然后用热油浇上去，只是这样不太入味。

【米醋炖木瓜】

[材料]

米醋、木瓜、姜米。

[制作方法]

1. 木瓜洗净切块，姜米切末。
2. 将木瓜块加水和姜末一起煮开。
3. 加 50ml 米醋一起炖半小时左右即可。

营养分析 >>

木瓜有健脾消食的作用，其中的酵素和木瓜蛋白酶可帮助消化蛋白质和脂肪，减轻肠胃负担。木瓜蛋白酶还可促进乳腺发育，增加哺乳妇女的乳汁。米醋可帮助消化，姜米可促进胃液分泌杀菌解毒。因此，米醋木瓜的配搭，可使营养更好地吸收，既能催乳又能提高乳汁的质量。

温馨提示 >>

姜米属温，姜米皮属凉，因此在使用姜米的时候不必削皮，以免姜米燥热。

【归芪冬瓜鲫鱼汤】

[材料]

鲫鱼、冬瓜、当归、黄芪、枸杞子、食用油、食盐。

[制作方法]

1. 鲫鱼去甲剖开洗净，尤其是腹腔内壁的黑衣一定要洗掉。
2. 冬瓜洗净去皮切成块。
3. 当归和黄芪洗净切成段，枸杞子洗净。
4. 上炒锅将食用油放入锅内，油热至七成时下入鲫鱼，煎至两面金黄捞出。
5. 上锅注入清水，放入当归段和黄芪段煮水。
6. 待药膳汁浓时放入冬瓜块、鲫鱼和枸杞子，煮至冬瓜熟透，放入食盐关火即可。

营养分析 >>

鲫鱼汤是补气血和通乳汁的传统食疗方，用于产后气血不足、食欲不振、乳汁量少。冬瓜具有利水作用，同样利于乳汁分泌，黄芪和当归都可用于补脾益气调理气血之用，是滋补品中常用的辅料，也是美容产品中常用的材料。当归、黄芪均为温性，因此时常搭配凉性的枸杞子同用。

温馨提示 >>

虽然鲫鱼汤的营养也很高，但是大部分营养还是留在鱼肉中，因此不可只喝汤不吃肉。

>>

第9章

吃出美丽佳人

——女性一生的食疗方

一、青春期少女应该如何安排营养餐

肌肤是身体最大的器官，随着年龄的增长，肌肤也随着其他器官一起逐渐老化。有测定表示，青春期肌肤最为靓丽，25岁以后开始老化，因此，防衰老工作得从25岁开始。女性从40岁以后，肌肤出现显著衰老，这也是护肤的一个最关键的时期。如果我们护理肌肤得当，再加上科学饮食和正确按摩，肌肤衰老会得到很大程度的缓解。

人们把少女的青春期称作“花一样”的年龄，这个时期的少女精力旺盛有活力，也是女人一生中最美丽的时刻，她们肌肤娇嫩且身材姣好，光芒四射。

青春期的少女因为活动量大且代谢旺盛，对热量的需求非常高，碳水化合物较成人多30%～50%，身体发育需要更多的蛋白质，脂肪、维生素、矿物质和其他微量元素需求均非常高，尤其是水，因为活动量大、出汗较多，因此对水的需求较成人也更多，青春期的少女要特别注意多喝水，这样也可以帮助排出身体废物，预防痤疮。

青春期的少女肌肤润泽光滑，又细腻富有弹性，是肌肤最美丽的阶段。但是这时候的很多少女都有一个共同的烦恼，那就是青春痘。因为青春期皮脂腺功能非常旺盛，分泌油脂过多，往往堵塞毛孔，引起毛囊发炎，这就造成了青春痘。这个时期的饮食调理需要注意补充维生素A和B族维生素，要限制脂肪类食物、刺激性强的食物以及甜食的过多摄入，以防止痤疮生成，也防止痤疮生成后久治不愈，下面我们就来试一试这些能帮我们青春期成长的食疗方。

【笋菇滑肉片】

[材料]

竹笋、黄瓜、平菇、里脊肉、鸡蛋清、花椒油、姜片、食盐、淀粉、葱花。

[制作方法]

1. 将竹笋放在沸腾的盐水中焯水切片，平菇洗净撕成小朵，黄瓜切成菱形的薄片。
2. 里脊肉切成片，加鸡蛋清和淀粉、食盐用手抓匀。
3. 锅中放水，加入姜片和食盐烧开，放入平菇煮 2 分钟，再将肉片一片一片展平放入锅中。
4. 待肉片放完，再下入黄瓜片和竹笋片，淋上花椒油、撒上葱花即可出锅。

营养分析 >>

猪里脊肉肉质较嫩容易消化，其中蛋白质较其他部位高出许多，而脂肪含量非常少（每 100g 里脊中含 8g 脂肪），胆固醇含量也小，而硫胺素、核黄素和尼克酸含量较高。因此里脊肉在猪肉中算是营养价值最高的部位，这些营养特点也符合青春发育期少女对高蛋白、高纤维、高维生素的营养需求特点。平菇中含有丰富的必需氨基酸，而且平菇的香味会给汤提鲜不少。竹笋中含大量纤维素，也可促进肠胃蠕动，帮助消化和排毒。

温馨提示 >>

加了香菇与香葱的汤汁已经十分鲜美，无需另加味精。

【奶香荷花豆沙包】

[材料]

奶粉、面粉、酵母粉、白糖、果酱、豆沙馅儿、泡打粉。

[制作方法]

1. 将面粉放入盆内，加入酵母粉和泡打粉揉匀，发酵半小时，也可根据气温调节面团发酵时间。
2. 将炒锅放置火上，加奶粉、水和白糖，待白糖水起泡时放入果酱，烧至黏稠倒入碗中。
3. 将发好的面团掰成几块，每一块都擀成长方形面片，抹上果酱卷成卷，再切成小剂子。
4. 再将小剂子从上到下按扁，擀成中间厚边缘薄的皮，包入豆沙馅儿，在顶端交叉切 3 刀。
5. 将馒头上蒸锅蒸 8 ~ 10 分钟即可出锅。

营养分析 >>

面粉的主要成分是碳水化合物，还含有一定量的蛋白质、维生素和矿物质，豆沙是由豆子做成，含有丰富的 B 族维生素，奶粉中含有丰富的蛋白质和铁、钙等营养成分，奶香豆沙包的营养十分丰富，而且蒸熟后的包子形状美丽如荷花，外形漂亮且口感醇香，会让青春美少女们非常喜爱。

温馨提示 >>

本品中含维生素 C 较少，若无其他素材搭配，可将豆沙馅儿改成菜馅儿。

【马铃薯烧排骨】

[材料]

马铃薯、排骨、姜片、陈皮、料酒、花椒、葱花、酱油、味精、白糖、食用油、食盐、米醋。

[制作方法]

1. 马铃薯去皮切成滚刀，用清水简单冲洗一下待用。
2. 排骨冷水下锅，水中加入姜片和料酒，待水开后捞出排骨，用热水冲一下以去血腥味。
3. 锅中倒入适量食用油，待油五成热时放入花椒和姜片，炒香后倒入排骨，翻炒片刻放入酱油和白糖提味。
4. 排骨表面上色后就可以加入陈皮，再加上能浸过排骨的热水，倒入几滴米醋改慢火焖。
5. 待排骨肉九分熟时放入马铃薯和食盐。
6. 最后放入适量的味精，装盘时撒上葱花即可食用。

营养分析 >>

马铃薯所含营养素非常全面，其中富含碳水化合物、维生素和矿物质。尤其是马铃薯富含钾，可利水。排骨中含有丰富的蛋白质、钙和少量脂肪，猪排中含有马铃薯所不含的硫胺素，尤适合青春期少女补充蛋白质、钙质和其他营养素之用。

温馨提示 >>

马铃薯应选择荷兰马铃薯，这种马铃薯比较面，炖和烧时选择这样的马铃薯口感会更好。炖排骨和其他肉类时最好加点醋，以便钙质析出。

【牡蛎烧肉】

[材料]

牡蛎、瘦肉、食用油、猪油、黄酒、料酒、姜葱、食盐、花椒、干辣椒。

[制作方法]

1. 牡蛎洗净倒入黄酒和料酒拌匀腌渍，瘦肉洗净切成片。
2. 上锅将食用油和猪油放入锅内，待油热至八成时，下入姜葱、花椒和干辣椒炒香。
3. 投入瘦肉和腌渍的牡蛎大火翻炒至熟，放入食盐出锅即成。

营养分析>>

牡蛎中含有蛋白质、碳水化合物、维生素A和钙、镁、锌等矿物质，其中硒含量非常高，每100g约含硒80mg。硒具有抗氧化能力，对身体各器官均有非常好的保护作用。瘦猪肉中含有丰富的蛋白质，对正在发育的青春期少女有很必要的营养补充作用。

温馨提示>>

牡蛎含胆固醇较多，即便喜爱也不可多吃，患有慢性腹泻和便溏的人群亦不宜多食牡蛎肉。

【五仁粥】

[材料]

胡桃、桃仁、杏仁、松子仁、芝麻、粳米、红枣、冰糖。

[制作方法]

1. 桃仁、杏仁、松子仁、芝麻、粳米、红枣洗净。
2. 胡桃去壳把仁洗净。
3. 上锅注入清水，把洗好的材料倒入锅中，大火煮至黏稠，放入冰糖关火即可。

营养分析>>

干果仁富含不饱和脂肪酸，尤其是亚油酸和亚麻酸，有助于青春期少女的大脑发育。同时果仁中蛋白质和纤维素含量也非常丰富，可帮助肠道排毒避免青春痘。胡桃仁还可以止咳喘、乌发润肌，是相当好的美容食品。

温馨提示>>

产妇、幼儿和糖尿病患者不宜食杏仁。

【群菇荟萃】

[材料]

香菇、蘑菇、鸡腿菇、慈菇、杏鲍菇、食盐、食用油、青红辣椒、水淀粉。

[制作方法]

1. 将香菇、磨菇、鸡腿菇、慈菇和杏鲍菇洗净切成片。
2. 上锅注入清水，烧开后下入所有的菇汆水冲净。
3. 上锅将食用油放入锅内，待油热至七成时改小火，下入青红辣椒炒香，投入汆好的菇类，注入一点清水翻炒后，下入食盐和水淀粉炒匀关火即可。

营养分析 >>

菌类中含有丰富的单糖、双糖和多糖，菌类中的高分子多糖可显著提高身体免疫力。菌类中均含有丰富的蛋白质，蛋白质量大大高于其他蔬菜，人体所必需的氨基酸在菌类中都能找到，这样就避免了单纯从动物食物中补充蛋白质，也就避免了过多的动物脂肪的摄入。而菌类中所含维生素也非常丰富，尤其是 B 族维生素和维生素 C，维生素 D 含量也较高。菌类的营养特点十分符合青春期少女的营养要求，是非常理想的青春菜肴。

温馨提示 >>

青春期少女不宜吃过于辛辣的食物，因此，辣椒不要放得太多。

【黄鱼小煎饼】

[材料]

黄鱼、淀粉、牛奶、玉米面、鸡蛋、葱、食用油、食盐。

[制作方法]

1. 黄鱼肉洗净剁成泥，装入盆内。
2. 葱洗净切成末。
3. 鸡蛋打散，倒入剁好的黄鱼泥内搅拌均匀。
4. 把牛奶、玉米面、淀粉、葱末和食盐放入拌匀的黄鱼泥内，再一次搅拌均匀。
5. 上锅将食用油放入锅内，待油热后用小勺子将黄鱼泥舀进锅内，用铲子压平，煎至两面呈金黄色即可。

营养分析 >>

黄鱼含有丰富的蛋白质、矿物质和维生素，对人体有很好的补益作用。黄鱼还含有丰富的微量元素硒，能清除人体代谢产生的自由基，预防痤疮、粉刺等肌肤问题。小煎饼中的淀粉也含有丰富的碳水化合物、蛋白质和膳食纤维，还有少量维生素，是小黄鱼营养不足之处的有力补充。

温馨提示 >>

黄鱼揭去头皮就可除去异味，黄鱼小煎饼中维生素含量较少，在装盘的时候可以用新鲜的生菜垫底，这样可以用生菜卷小黄鱼吃，既多了一股蔬菜的清香，又可补充维生素。

【三鲜烩饭】

[材料]

虾米、鳕鱼、瘦肉、食盐、高汤、生粉、香油、食用油、韩国辣酱、青菜。

[制作方法]

1. 虾米洗净，鳕鱼洗净剁成末，放入生粉拌匀。
2. 瘦肉洗净切片，拌入香油和生粉搅拌均匀，腌渍几分钟。
3. 米饭蒸好装入盘内。
4. 上蒸锅，蒸架注入清水，将虾米和鳕鱼末蒸10分钟左右拿出待用。
5. 青菜洗净切末。
6. 上炒锅将油放入锅内热后投入瘦肉炒熟，下入青菜末一起炒好捞出。
7. 把蒸好的鱼、虾米、瘦肉和青菜一起装入白饭盘内。
8. 上炒锅将食用油放入锅内，待热后下入韩国辣酱和高汤，注入适量清水大火烧沸下入食盐、香油和生粉，煮至黏稠淋在白饭上即可。

营养分析 >>

三鲜烩饭中食材丰富，包括丰富蛋白质的鳕鱼、瘦肉，还有丰富钙质的虾米和丰富维生素的青菜，当然还有含有丰富的碳水化合物和蛋白质的米饭。三鲜烩饭营养丰富全面，尤其是蛋白质含量高，最适合体质虚弱、发育期少女食用。

温馨提示 >>

三鲜烩饭营养全面，适合任何人群，但蛋白质含量极高，肾脏不好者注意食用量。

【虾仁鸡蛋羹】

虾的营养价值非常高，含有丰富的优质蛋白，同时钙含量也非常高。鸡蛋中含有丰富的蛋白质，蛋黄中还含有可增长智力的卵磷脂。火腿中含有蛋白质、钙、铁等矿物质，也具有很好的补益作用。

[材料]

鲜虾仁、鸡蛋、香油、火腿丁、食盐、葱花。

[制作方法]

1. 鲜虾仁洗净处理好。
2. 鸡蛋打入碗里打散，下入少量食盐调味，再放入适量温水搅拌成均匀的蛋液。
3. 用一个小盆，在盆内层抹上一层香油。
4. 将滤网放到小盆中，把搅好的蛋液用过滤网滤到盆中。
5. 上蒸锅，蒸架注入清水，把装蛋液的小盆放入锅内蒸至八分熟。
6. 下入虾仁和火腿丁一起蒸至虾熟，撒入葱花淋上香油即可。

【金玉鸡丁】

营养分析 >>

香菇味道鲜美，富含蛋白质和碳水化合物，其中的钙、磷、铁含量也非常高，香菇还含有维生素 B_1、维生素 B_2 和维生素 C 以及丰富的食物纤维，经常食用能有效预防肥胖。香菇中丰富的精氨酸和赖氨酸可益智，非常适合青春期孩子的智力发育所需。

[材料]

香菇、鸡肉、嫩玉米、豌豆、食用油、食盐。

[制作方法]

1. 香菇洗净切成丁，鸡肉洗净切成丁，嫩玉米和豌豆洗净。
2. 上锅将食用油放入锅内，待油热后下入切好的材料，大火翻炒。
3. 注入适量的清水大火爆香，下入食盐即可。

二、“好朋友”来的那几天怎么吃

月经是成年女性的正常生理现象，是女性成熟的标志。但是月经也会带给女性朋友很多的“麻烦”，比如说在此期间身体变得虚弱，抵抗力下降，容易感染病菌，情绪波动较大，烦躁易怒，容易疲累。所以，在月经来临的时候，女性朋友要多注意科学的保养，安然度过经期。那么，我们应该如何正确面对经期呢。

月经失血，我们的身体因此会丢失血浆蛋白、铁、钾、钙、镁等矿物元素。在月经期间和经期后的 1 周内，应该补充蛋白质和矿物质，尤其是应当补血。

月经期间宜温补，忌生冷。中医认为血热则行，寒则滞，因此经期忌食生冷和大寒食物，以免经血运行不畅，造成经血过少或痛经。因此经期不但不要吃凉性的食物，身体也要注意保暖。

月经期间宜清淡利消化，忌过咸、刺激性食物。过咸的食物会使体内的盐分和水分储量增多，造成月经前夕头痛、激动易怒等。经期易疲劳，消化功能减弱，应该注意饮食清淡、易于消化吸收，避免刺激性较大的酸辣食物，比如山楂、辣椒、芥末等。

经期宜新鲜果蔬，忌咖啡、酒和碳酸饮料。新鲜果蔬可补充充分的糖分、水分和维生素。咖啡饮料可引起乳房胀痛，焦躁易怒，加快铁流失，消耗更多的 B 族维生素。酒饮料会破坏碳水化合物的代谢，恶化情绪，刺激血管扩张，引起经量过多。碳酸饮料可影响钙、铁流失，降低胃酸影响消化功能。

宜营养丰富的食物，忌粗纤维食物。经血造成众多营养流失，在此期间需要补充营养，粗纤维食物会阻碍营养吸收，加剧经期腹泻。

宜适量运动，忌剧烈运动。月经期间的运动量不宜过大，但也需要适度的运动，适度的运动有助于经血畅通。

月经期间代谢加快，此期间不易囤积脂肪，因此怕胖不敢吃的女性，在这几天可大饱口福，允许多吃荤食。

【黑芝麻黄金大骨汤】

[材料]

黑芝麻、桂圆、红枣、枸杞子、桑葚、阿胶、黄精、大骨、食盐。

[制作方法]

1. 大骨洗净，焯水冲洗干净待用。
2. 桂圆去外壳。
3. 红枣、枸杞子、桑葚洗净，阿胶和黄精洗净。
4. 上砂锅注入清水，把焯好水的骨头放入锅内，大火烧开去除表面的浮沫，下入黑芝麻、桂圆、红枣、枸杞子、桑葚、阿胶、黄精，慢炖 3 小时左右下入食盐即可。

营养分析 >>

黄精以根茎入药，具有补气养阴、健脾的功效，桂圆、红枣、黑芝麻、阿胶具有补血的功效。汤中所用材料不仅可以补血，对于补肾也有很好的作用。

温馨提示 >>

本汤大热，至多每周食用 1 次，不可天天食用。

【萝卜蛏子汤】

[材料]

蛏子、萝卜、料酒、食盐、味精、葱花、生姜、蒜瓣、胡椒粉、猪油。

[制作方法]

1. 萝卜去皮切成细丝，下入沸水锅中略烫去苦涩味，捞出沥净水分。
2. 蛏子洗净，放入淡盐水中约泡 2 小时，下入沸水锅中略烫一下捞出，取出蛏子肉。
3. 生姜洗净切片，蒜瓣切碎。
4. 上锅将猪油放入锅内烧热，姜片煸香，注入清水，加入料酒和食盐烧沸。
5. 再放入蛏子肉、萝卜丝和味精再次烧沸。
6. 将蒜粒和胡椒粉放入锅内小煮一会，撒上葱花即可。

营养分析 >>

蛏肉营养价值高，含丰富蛋白质、钙、铁、硒、维生素 A 等营养元素，滋味鲜美，具有补虚和补血的功能。

温馨提示 >>

一般人均可食用，尤适宜烦热口渴、湿热水肿等人群。

三、五行调饮食，安然过经期

月经每月 1 次，因此被称作月经。但是由于种种原因，月经也会常常提前或延后，这种现象频繁就被称之为月经不调。月经不调是常见的妇科病，内分泌失调、细菌感染或肿瘤等均可引起月经失调。现代社会赋予了女性工作的权力，同时也加大了女性的社会压力，越来越多的女性因为压力过大、职场抑郁而造成内分泌失调，而月经也随着变得不规律。在排除了其他病症之后，我们也可以通过饮食来调理内分泌，让月经重新回到每月 1 次的轨道上来。

中医理论将食物分为五味，又将身体内脏器分为五脏，分别对应金、木、水、火、土五行。孙思邈在《千金方》中认为“五色五味入五脏，适宜则能养脏腑，过之则会伤脏”。女性常“虚”，有些是肾虚，有些是肝虚，在月经期间根据体质的不同来进行补养，这就是所谓的“补之有度”。

饮食中的五行对比关系如下：

从五行来看，月经期间吃什么、不能吃什么。

五行：木、火、土、金、水

五味：酸、苦、甘、辛、咸

五脏：肝、心、脾、肺、肾

我们可以看得出，“酸”养肝木，也就是养阴，酸味食物多具有收敛性，可引起血液瘀阻，但是对于经量过大者又较为适合，其余情况的经期则不宜吃酸；

“苦”清心火，苦味食物多为凉性，可凉血，虚寒性月经不调则忌苦味；

“甘”补脾土，脾是血液的统领，脾气旺盛则经血顺畅，因此甘味的中药往往是调节月经的常用药；

“辛”宣肺金，辛辣食物会造成盆腔充血，经量增大，因此辛辣食物对经期是不适宜的；

“咸”补肾水，咸味食物均有补肾作用，对于肾虚者女性调经较好，但过咸的食物会导致水肿，引发不良情绪，因此过咸的食物也是不宜食用的。

食物有“四性”，寒热温凉，食物的“寒、热、温、凉”四性，“血得热则行，得寒则凝”，月经期间不宜吃凉性的东西，适合吃温热食物，比如红枣、高粱米、薏苡仁、羊肉、苹果等都很合适。

【桂圆煎鸡蛋】

[材料]

桂圆、鸡蛋、食用油、葱花、食盐。

[制作方法]

1. 桂圆洗净，去里面的仁取桂圆肉，将桂圆肉剁碎。
2. 鸡蛋打散。
3. 将桂圆肉和葱花放入打散的鸡蛋里面，放入食盐调均匀。
4. 上锅将食用油放入锅内，待油热后，倒入鸡蛋煎至两面金黄即可出锅。

营养分析 >>

桂圆含有多量维生素、矿物质和果糖等对人体有益的营养成分，是医药上的珍贵补品。鲜果有开胃健脾和补益安神的功效，是体虚贫血、神经衰弱和气虚型月经不调的理想补品。桂圆肉还有明显的抗衰老和抗癌的作用，日常也可以食用。

温馨提示 >>

桂圆宜鲜食，变味的果粒不要食用。

【米醋炖豆腐】

[材料]

米醋、豆腐、番茄、葱花、姜片、食用油、食盐。

[制作方法]

1. 豆腐切成块。
2. 番茄洗净切成片。
3. 上锅将食用油放入锅内，待油热后下入姜片和番茄片一同翻炒几分钟。
4. 注入清水烧开，下入豆腐块和米醋一起煮入味，再放食盐，撒入葱花即可。

营养分析 >>

米醋具有收敛与散瘀功效，因此本品适宜于经血颜色过深和量过多的健康女性。豆腐含蛋白质、脂肪、碳水化合物、维生素和矿物质，尤其是含优质蛋白与钙质丰富，还含有植物雌激素——大豆异黄酮，是女性补充营养的佳品。

温馨提示 >>

醋不宜用铜具煎煮。

【参芪红枣汤】

[材料]

党参、红枣、黄芪。

[制作方法]

1. 党参、红枣、黄芪洗净，浸泡 2 小时。
2. 将上述 3 味食材入锅加清水大火煮开，改小火煨 30 ~ 60 分钟即可。

营养分析 >>

党参味甘性平，具有补中益气、健脾益肺之功能，对于气血两亏、体倦无力者均有疗效。党参的主要功效是补气，黄芪也具有补气生力之效。因此气虚所造成的月经不调，用党参最为适合。红枣则为补血佳品，对于经期失血造成的血虚有很好的效果。

温馨提示 >>

本汤可以少加红糖，不过红枣本就有甜味，不加红糖最好。

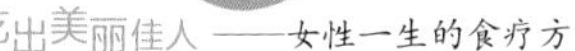

【丝瓜炒鸡蛋】

[材料]

丝瓜、鸡蛋、大蒜、食用油、食盐。

[制作方法]

1. 丝瓜洗净切成菱形片，大蒜剥皮切片，鸡蛋磕到碗里搅散。
2. 锅中放食用油，油热后倒入鸡蛋并迅速搅散，待鸡蛋成型后盛出。
3. 锅中留底油，加入丝瓜片与蒜片爆炒。
4. 最后将炒好的鸡蛋再倒入锅中和匀，加食盐即可出锅。

营养分析>>

丝瓜性平味甘，有通经络、行血脉、凉血解毒的功效。丝瓜的筋络与人体筋络类似，可帮助人体畅通筋络。筋络畅通，气血通顺，月经自然也通顺了。

【韭汁红糖饮】

[材料]

鲜韭菜、红糖。

[制作方法]

1. 韭菜择去老叶，洗净沥干水分切碎。
2. 取蒜泥缸，将切碎的韭菜放进去捣出汁水。
3. 用纱布将韭菜泥包起来，将汁水挤到碗中。
4. 将红糖用开水化开，加韭菜汁兑匀即可饮用。

营养分析>>

韭菜性温，能温肾助阳、行气理血，多吃韭菜可增强脾胃之气。因韭菜可温经补气，因此可缓解气血两虚型痛经。红糖可补血，对于经期失血有较好的补益作用。

【藕节萝卜饮】

[材料]

鲜藕节、白萝卜、旱莲草、冰糖。

[制作方法]

1. 将新鲜的藕节洗净切粒，白萝卜洗净切粒，旱莲草洗净。
2. 将以上材料捣成泥，用纱布包好挤出汁水。
3. 将汁水加适量冰糖即可饮用。

营养分析 >>

藕节与旱莲草均具有收敛止血的功效，对于经量过多有调节作用。藕节归肝、肾、胃经，可治一切血症。旱莲草可养阴补肾，适用于肝肾阴虚之月经不调者。白萝卜可下气消食、润肺解毒生津，利大小便与经血，因此气郁气虚者均可适用。

四、抗衰老，熟女永恒的营养话题

女性过了20岁，逐渐就不再被人称为“少女”，而变成了“女人”。当细纹悄悄的爬上眼角，抗衰老便提上了议事日程。

25～30岁是女性的生育最佳年龄，这时候要预防骨质疏松，防止胎儿大脑和脊柱发育不良，注意补充钙质和叶酸。生育期间既要补充营养和热量，又要防止进补过度，为产后肥胖埋下隐患。

25～45岁时期，是女性发育成熟的鼎盛时期，各器官发育成熟，社会阅历逐渐增多。不过此时卵巢功能会逐渐降低，皮脂腺分泌皮脂逐渐减少，锁水能力逐渐降低，肌肤容易干燥，色素容易沉着。若不细心保养，粗糙、色斑、毛孔粗大会光临你的肌肤，女性在这时期会迅速的“显老”。此时的女性需要多喝水，多吃新鲜蔬果和胶原蛋白，以补充维生素和水分，尤其是需要补充具有抗氧化的SOD、维生素C、维生素E和硒等，可最大程度延缓肌肤和其他器官衰老。

女性在这个时期压力也是最大，来自家庭、儿女和工作的压力，往往让很多女性感到抑郁，沉重的压力也影响身体健康，补脾养气正是此时所需要重视的。

【南瓜炒玉米粒】

[材料]

老南瓜、玉米粒、食用油、食盐、味精。

[制作方法]

1. 老南瓜洗净切成小丁，玉米粒洗净。
2. 将食用油放入锅内，油七成热时下入南瓜丁和玉米粒翻炒几下。
3. 注入适量清水，大火炒至南瓜玉米熟透，下入味精和食盐即可出锅。

营养分析 >>

现代营养学发现，南瓜中含有丰富的果胶，可保护胃黏膜并吸附肠道毒素，能减轻毒素对肌肤等器官的伤害。南瓜中丰富的钴能促进新陈代谢和造血功能，并能降低血糖。玉米中丰富的维生素E可有效抗氧化，预防肌肤衰老。玉米中含有非常丰富的食物纤维，可帮助排便排毒，预防和减轻色斑。

【金针竹笋汤】

[材料]

竹笋、金针菇、食盐、食用油、葱花、生姜。

[制作方法]

1. 竹笋洗净切成丝焯水过滤，生姜洗净切成丝。
2. 上锅放少量食用油，油热后下入姜丝炒香。
3. 注入清水，下入竹笋大火煮 10 ~ 20 分钟，再下金针菇煮 5 分钟。
4. 最后放入食盐，撒上葱花即可。

营养分析 >>

这是一道纤维素大餐，金针菇与竹笋均是高纤维的食物，可有效降低血脂。金针菇含锌非常高，是少有的植物锌来源，而且是高钾低钠食物，非常适合中老年女性食用。竹笋中含有丰富的矿物质和 B 族维生素，能帮助消化，去积食。

温馨提示 >>

竹笋含草酸较高，患尿路结石的女性不宜多吃，在制作的时候可先焯水去除一部分草酸。

【白玉菜花】

[材料]

菜花、西蓝花、蒜蓉、食用油、食盐。

[制作方法]

1. 菜花和西蓝花洗净摘成小朵。
2. 上炒锅将食用油放入锅内，待油热后投入菜花和西蓝花大火翻炒至熟，下入蒜蓉、食盐出锅即可。

营养分析 >>

菜花和西蓝花在蔬菜中都是高维生素 C 的食物，每 100g 中含维生素 C 分别为 61mg、51mg，是普通蔬菜的 2 ~ 3 倍，维生素 C 可美白肌肤延缓肌肤衰老。西蓝花的钙含量可与牛奶相媲美，其他矿物质成分也比普通蔬菜全面。我们常认为西蓝花比菜花营养价值高，但是菜花维生素 C 比西蓝花略高，抗氧化的作用要更强一些。

温馨提示 >>

在炒菜花的时候，可以适当加少量清水，以方便热量均匀散出，菜花也容易炒得更软烂一些。

【绿汁牛肉羹】

[材料]

香菜、牛里脊肉、鸡蛋、淀粉、食盐、料酒。

[制作方法]

1. 牛里脊肉洗净剁蓉，用料酒、食盐和淀粉腌渍 10 分钟左右。
2. 香菜洗净切成细末。
3. 鸡蛋打入碗内打散待用。
4. 上锅注入清水，水热后倒入腌渍的牛肉蓉用筷子打散，再下入打散的蛋花迅速搅拌。
5. 蛋花飘起来时用淀粉勾芡，撒入香菜末即可。

营养分析 >>

香菜的维生素 C 含量非常高，因其一直作为调料而被忽视，维生素 C 具有很强的抗氧化作用。香菜中所含胡萝卜素比番茄中的还多，同时富含 B 族维生素和矿物质。牛肉含有丰富的蛋白质，氨基酸组成比猪肉更接近人体需要，能提高机体抗病能力。

温馨提示 >>

内热、肌肤病或肾病患者慎食牛肉和香菜。

【三鲜烩蚕豆】

[材料]

蘑菇、草菇、蚕豆、萝卜缨、火腿、鸡精、姜蒜末、水淀粉、食用油、食盐。

[制作方法]

1. 蘑菇和草菇洗净切片，蚕豆洗净，萝卜缨洗净切成末，火腿切丁。
2. 上锅注入清水烧开，将蘑菇片、草菇片和蚕豆焯水捞出待用。
3. 炒锅中放食用油，油七成热时投入姜末、蒜末炒香，再下入蘑菇片、草菇片、蚕豆和火腿丁翻炒几下。
4. 注入适量清水，煮至蚕豆熟透，下入鸡精和食盐并用水淀粉勾芡即可。

营养分析 >>

蚕豆中含有调节大脑和神经组织的重要成分钙、锌、锰、磷脂等，并含有丰富的胆石碱，有增强记忆力的健脑作用，可有效预防脑细胞衰老，尤适合脑力劳动者。蚕豆中的维生素C还可抗击自由基，延缓器官衰老。蚕豆皮中的膳食纤维有降低胆固醇、促进肠蠕动的作用。蘑菇、草菇均为菌类，可提高人体免疫力，萝卜缨也是高维生素食物，对于补充营养、抗氧化和维护机体的正常功能有着很重要的作用。

【青椒拌甘蓝丝】

[材料]

青椒、甘蓝、大蒜、大葱、花椒油、食盐、味精、辣椒油、酱油、醋。

[制作方法]

1. 青椒、甘蓝洗净切成细丝，大蒜洗净剁成蒜末，大葱洗净切成细丝。
2. 把切好的青椒丝和甘蓝丝装盘内，加入蒜末、大葱丝、食盐、味精、酱油、醋、辣椒油和花椒油，倒在一起拌匀即可。

营养分析 >>

维生素C和维生素E是我们常见的抗氧化的营养素，青椒中含维生素C非常丰富，是普通蔬菜的2倍，而甘蓝中的维生素C和维生素E含量均非常高。

【西芹百合】

[材料]

西芹、百合、姜蒜末、红椒、食用油、食盐。

[制作方法]

1. 西芹洗净切成片，百合洗净，红椒洗净切成片。
2. 上炒锅将食用油放入锅内，待油热后下入姜蒜末炒香。
3. 再投入西芹片、百合和红椒片大火翻炒，下入食盐出锅即可。

营养分析 >>

西芹营养丰富，富含蛋白质、矿物质及多种维生素，西芹中还含有芹菜油，具有保健作用。百合除含有淀粉、蛋白质、脂肪及钙、磷、铁、维生素 B_1、维生素 B_2、维生素 C 等营养素外，还含有多种生物碱，可预防疾病。百合还具有养心安神、润肺止咳的功效，可有效预防“秋燥”。

温馨提示 >>

干百合较耐煮，所以炒菜最好选用新鲜百合。

【腐竹拌菠菜】

[材料]

腐竹、菠菜、花椒油、食盐、味精、姜末、食用油。

[制作方法]

1. 腐竹泡胀洗净，在沸水里汆水后在冷水里过凉，滤干水分待用。
2. 菠菜洗净切成段在沸水里汆水，在冷水里过凉滤干水分待用。
3. 将滤干水分的腐竹和菠菜装盘，撒上味精。
4. 上炒锅，将食用油放入锅内，待油热至七成时，下入姜末和食盐，待盐溶化后淋在腐竹上，再倒入花椒油拌匀即可食用。

营养分析 >>

菠菜虽然普通但营养十分丰富，不但是有名的维生素 C 食物，还富含胡萝卜素和蛋白质，以及铁、钙、磷等矿物质，可促进新陈代谢、清洁肌肤、抗击衰老。菠菜烹熟后也极易消化，适合中老年女性及肠胃虚弱者食用。

温馨提示 >>

菠菜中含草酸，影响钙吸收，在食用时最好焯水，可除去大部分草酸。

【春卷】

[材料]

春卷皮、猪里脊肉、大葱、面粉、香菇、料酒、食用油、食盐。

[制作方法]

1. 猪里脊肉洗净切成细丝，香菇洗净切成丝，大葱洗净切成丝。
2. 用温水把面粉调成糊状待用。
3. 上炒锅，将食用油放入锅内，油热后投入肉丝、香菇丝和料酒煸香，再下入葱丝和食盐翻炒装盘放凉。
4. 将春卷皮摊开放上炒好的馅料，折拢一边，再两边包折拢，包卷成长约 8cm，宽约 3cm 的扁圆形的小包，用面糊封口。
5. 上锅置旺火，倒入食用油待热至七成时，将包好的春卷放入油锅炸至金黄色装盘即可。

营养分析 >>

春卷因其用料多，荤素搭配营养十分全面，里脊肉含蛋白质丰富，脂肪含量很少，属于“荤中素”，香菇也含有丰富的氨基酸和维生素，可提高人体抗病能力。 葱的主要营养成分是蛋白质、糖类、食物纤维以及磷、铁、镁等矿物质等，它可以刺激胃液分泌，增进食欲，恢复疲劳。大葱还可促进微循环，防止高血压，降低胆固醇，常吃大葱还可预防感冒。

温馨提示 >>

1. 春卷皮不要买得太厚。2. 春卷中的馅儿料可以根据口味和营养需求调配。

五、吃对营养，悄然度过更年期

女性过了45岁，内分泌和各种生理功能便进入了减退期，尤其是卵巢的衰退对女性的影响最大，雌激素分泌不足，就会造成肌肤干燥、皱纹增多、心悸、胸闷、忧虑、抑郁、易激动、失眠和记忆力减退，这就是我们常说的更年期综合征。

女性一生要排400个卵子，到了40～50岁的时候基本已经“完成任务”，女性一旦没有了月经，卵巢功能迅速下降，雌性激素分泌量就骤减，植物神经功能紊乱，人就变得分外脆弱、忧郁、敏感多疑，同时会时常感觉腰酸背痛。

所以更年期女性要注意健脾，饮食上要少盐、少胆固醇、少脂肪、少酒，多摄取膳食纤维、植物蛋白、维生素A、维生素C、维生素E、B族维生素和含钙丰富的食物。

维生素C、维生素A和B族维生素均能减轻心情沮丧，摆脱抑郁心情，降低焦虑、烦躁心悸的程度。钙不仅是骨骼的主要物质，同时也是人体神经系统的“信使”，参与各种神经活动的传递工作，缺钙会心神不定、失魂落魄，因此钙元素也是“快乐”的元素。更年期女性可选择高钙蔬菜进行补钙，虽然利用率较肉食低一些，但是可避免摄入过多的脂肪。色氨酸可抑制中枢神经的兴奋，有助于安神助眠，多食用一些色氨酸高的食物对缓解更年期症状效果也非常好。

忌辛辣刺激性食物。更年期盐代谢紊乱容易引起水钠滞留，进一步引起水肿和高血压。因此，更年期饮食尤其要注意清淡少盐。

【玉米平菇奶汤】

[材料]

新鲜玉米粒、鲜平菇、牛奶、鸡蛋清、葱花、胡椒粉、食盐。

[制作方法]

1. 新鲜玉米粒洗净。
2. 鲜平菇洗净撕成小块。
3. 将鸡蛋清打散。
4. 上锅注少量清水，将平菇块和玉米粒煮至熟。
5. 下入牛奶和鸡蛋清，用筷子搅匀。
6. 最后撒上胡椒粉，加食盐调味，再撒上葱花即可出锅。

营养分析 >>

玉米具有开胃健脾、除湿利尿的作用，其中含有大量的维生素 E，对于软化血管和对抗自由基具有非常强大的作用。根据研究发现，玉米中所含的玉米黄质还可预防损伤视力的老年黄斑性病变，因此玉米非常适合老年人食用。平菇可治疗植物性神经紊乱，对于更年期妇女尤为适合，牛奶中含钙丰富，可安神助眠，缓解更年期烦躁。

【油泼腐竹】

[材料]

腐竹、黄瓜、黑芝麻、干辣椒、生抽、味精、花椒、白糖、醋、食盐、香油、食用油。

[制作方法]

1. 腐竹洗净泡胀切成段，黄瓜洗净切菱形，干辣椒切成段。
2. 将泡好的腐竹用开水过下，将腐竹、黄瓜装盘，用生抽、味精、白糖、食盐、醋、香油腌一小会儿，撒上黑芝麻。
3. 上炒锅将食用油放入锅内，待热至七成时，下入花椒和干辣椒炒香关火。
4. 将锅内的热油淋在菜上面即可。

营养分析 >>

腐竹是“浓缩版的豆浆”，它所含的主要营养成分比豆浆高几十倍，同时也是更年期最需要的“高钙高色氨酸”食物。民间常把腐竹称为“素中之荤”，它的优质蛋白质含量高，消化利用率高，大豆卵磷脂、大豆低聚糖、大豆异黄酮的保存也比较好，可缓解衰老、帮助消化、调节血脂、促进循环、安定情绪、预防骨质疏松。

【葱油拌双黄】

[材料]

黄花菜、金针菇、洋葱、大葱、红椒、食用油、食盐、白糖。

[制作方法]

1. 黄花菜洗净泡 2 小时左右。
2. 洋葱洗净切片，大葱洗净切段。
3. 红椒洗净切小丁，金针菇洗净。
4. 上锅注入清水大火烧开，将泡好的黄花菜和金针菇下入煮至断生，捞出滤干水分待用。
5. 将黄花菜和金针菇装盘。
6. 上锅将食用油放入锅内待热至七成时改小火，下入洋葱片和大葱段煸出香味，将洋葱片和大葱段捞出丢掉。
7. 将食盐、白糖、红椒和熬好的油拌匀，倒入盘中即可。

营养分析 >>

黄花菜是一种健脑菜，有较好的健脑和抗衰老功效，其中含有丰富的卵磷脂，对注意力不集中、记忆力减退有特殊疗效。金针菇中含有丰富的钾，可利水，其中含有丰富的锌，可健脑。黄花菜和金针菇均含有丰富的粗纤维，可促进肠胃蠕动，改善肠胃功能，预防肠道疾病。

温馨提示 >>

新鲜黄花菜中含有秋水仙碱不能生吃，须晒干或焯水后再食用。

【红薯南瓜小米粥】

[材料]

红薯、南瓜、小米。

[制作方法]

1. 红薯洗净去皮切成小块，南瓜洗净去皮切成小块，小米洗净。
2. 上锅注入清水，下入红薯煮开后，再投入南瓜块和小米，大火煮至黏稠关火即可。

营养分析 >>

红薯号称营养价值最高的食物，所含营养素十分全面，其中富含膳食纤维，有助于清除毒素，减少胆固醇的吸收。小米是著名的安神米，其色氨酸含量非常高，可以帮助恢复情绪。南瓜可帮助消化，保护胃黏膜，还可降低血糖，尤其适合肥胖者、糖尿病人和中老年女性食用。

温馨提示 >>

选购红薯时最好选用红心红薯，口感更好，颜色也更鲜艳一些。

【芹菜拌豆腐丝】

[材料]

芹菜、豆腐丝、香油、花椒油、红油、姜蒜末、食盐、味精。

[制作方法]

1. 芹菜洗净切成段。
2. 将切好的芹菜段与豆腐丝装盘，放入姜蒜末、食盐、味精、香油、花椒油、红油拌匀即可。

温馨提示 >>

芹菜最好选用香芹，它的形状更能与豆腐丝搭配，香味也更浓一些。

营养分析 >>

芹菜的营养十分丰富，其中含有酸性的降压成分可预防高血压，芹菜中的胆碱具有镇定安神的作用。豆腐丝属于豆制品，都含有一定量的大豆异黄酮，可补充更年期女性的雌激素，缓解衰老。豆腐丝中丰富的钙也具有镇定作用，更年期女性常吃豆腐丝芹菜，可缓解烦躁和失眠等更年期症状。

【香菇虾皮饺】

[材料]

香菇、虾皮、饺子皮、瘦肉、香油、食盐、姜末、鸡蛋清。

[制作方法]

1. 香菇洗净，虾皮、瘦肉洗净剁成蓉。
2. 将剁蓉的馅儿装盆，把鸡蛋清、香油、食盐和姜末一起放进盆里搅拌均匀。
3. 将饺子皮摊开，把馅包进饺子皮里面用手将皮边捏好。
4. 将包好的饺子下锅煮熟即可食用。

营养分析 >>

香菇是高钙高磷食物，还含有丰富的维生素 B_1、维生素 B_2 和维生素 C，可有效预防老年斑，香菇中丰富的植物纤维可降低血压，降低血液中的胆固醇含量。虾皮的钙含量非常高，常吃虾皮不但可以有效预防更年期女性的骨质疏松，还可安神补脑、提高睡眠质量。

温馨提示 >>

一次不要包得太多，尽管冰箱可保鲜，但久放营养也会流失。

>>

第10章

让零食“改邪归正”

——做健康零食美女

一、健康零食是白领一族的必备营养品

对于上班族的女性来说，早上为了赶时间往往就无暇吃早餐，中午也没机会好好吃饭，晚上下班晚，回到家早已饥肠辘辘。这时候零食就为我们提供了很大的方便，因为零食无需像正餐那样规规矩矩地坐在餐桌前吃，可以随时随地吃，简单而且方便。

1. 零食种类的选择

高热低营养。大多数零食都是高热量的食品，怕胖的女性朋友可以先将这些零食摒除，尤其是热量极高营养价值又低的食品坚决不碰。

高热高营养。有一些零食热量虽高，营养价值也较高，这种零食要控制其食用量，如饼干、汉堡、烤鸡翅、比萨、三明治、热狗、芝麻糊、各种面包、果汁饮料、各种干果炒货等。

低热低营养。热量虽低但营养价值也很低的零食也不可常吃，以免影响营养的补充。

低热高营养。有些低热高营养的零食，是上班族女性的最佳选择，如早餐奶、八宝粥、海苔、胡萝卜汁、烤红薯、烤马铃薯、烤豆子等，还有众多的新鲜蔬果，一般产能都在 125.4KJ ~ 250.8KJ/100g，还能补充大量的维生素。

2. 零食进食时间的选择

看电视、看书和工作时不宜吃零食。研究表明，规规矩矩地坐下吃饭人很容易有饱腹感，如果一边看书、看电视一边吃东西，大脑很难及时接受到"吃饱"的信号，所以吃零食一定要规规矩矩地认真吃，有计划地吃。

肚子饿了才吃。很多因为吃零食发胖的人，都是因为把吃零食作为消遣的手段，在不饿的时候也吃个不休，不知不觉间吃进去过多的零食而导致发胖。零食必须在两餐之间，需要补充营养的时候才吃。无需补充营养的时候，则不要去触碰零食。

昼夜零食选择有讲究。白天活动量大，选择有一些热量的零食无妨，但夜里要是吃过多的高热零食，很容易造成积食不化，或者让身体囤积更多的脂肪。

3. 选对健康零食，放弃负罪感

很多人一边吃零食一边自责自己没有控制力，就这样纠结于吃与后悔之间，这是对零食没有正确认识的表现。当我们懂得了哪些零食可以吃，哪些零食控制着吃，哪些零食不可以吃，"有规划"地吃零食，这样就不会因为担心发胖而惴惴不安了。

二、在家自制零食

【水煮毛豆花生】

[材料]

鲜毛豆、花生、食盐、八角、干辣椒、花椒。

[制作方法]

1. 鲜毛豆洗净，花生洗净。
2. 将毛豆头尾的尖剪掉，花生壳顶端捏破以便入味。
3. 上锅注入清水，把洗好的花生、八角、干辣椒、花椒和食盐放进锅里大火煮 20 分钟，再加入毛豆煮至熟即可。

营养分析 >>

毛豆营养丰富均衡，含有有益的活性成分，经常食用对女性保持苗条身材有显著作用，建议大家不妨在毛豆成熟的季节里多吃点鲜毛豆，这样还可以弥补因肉蛋类摄入少而导致的蛋白质摄入的不足。花生蛋白质含量高，还含有一般杂粮少有的卵磷脂，可促进人体的新陈代谢、增强记忆力，有抗衰老和延寿之效。

温馨提示 >>

毛豆花生味道清香，但蛋白质含量非常高，也不可贪吃，否则会引起消化不良。

【椰粉芝麻汤圆】

[材料]

糯米粉、椰子粉、芝麻。

[制作方法]

1. 将糯米粉倒入一个盆内，注适量的水揉成团。
2. 将揉成团的糯米，搓成大小适中的汤圆放入蒸格里。
3. 上蒸锅和蒸架，注入清水大火烧开，放入蒸格把汤圆蒸熟。
4. 将蒸熟的汤圆拿出撒上芝麻，裹上椰子粉即可使用。

营养分析 >>

糯米味甘、性温，能够温补脾胃，补养人体正气，有御寒滋补的作用，尤适合冬天食用。芝麻性平、味甘，具有润肠通乳、补肝益肾以及养发抗衰老的功效，女性朋友可以常吃。

温馨提示 >>

糯米不易消化，因此食用量不可过大。

【焦糖苹果片】

[材料]

苹果、脱脂焦糖。

[制作方法]

1. 苹果洗净去皮切成薄片，装盘放进烤箱烤脆拿出。
2. 上锅放一点清水，水烧热后，将脱脂焦糖放入化开，淋在苹果上即可。

营养分析 >>

苹果形、质、色、香、味具佳，有"水果之王"的美誉。苹果中不但含有普通水果的维生素，苹果中的纤维素还可促进消化，减少脂肪与胆固醇的吸收。

温馨提示 >>

吃苹果须得饭后2小时之后，饭后立即吃苹果，会造成胀气和便秘。

【风味马铃薯花】

[材料]

马铃薯、红油、香葱末、蒜末、酱油、食盐、醋。

[制作方法]

1. 用花刀将马铃薯切成纹状条，上蒸锅蒸熟。
2. 再将红油、香葱末、蒜末、酱油、食盐与醋一同放进马铃薯花中拌匀即可。

营养分析 >>

马铃薯是粮菜兼用的蔬菜，营养价值非常高，富含维生素 A、维生素 C 及矿物质，还含有大量的木质素，很多长寿乡里人们的主食便是马铃薯。马铃薯所含的营养素齐全，又极易消化，其性平和，可健脾通便和调和肠胃。

温馨提示 >>

马铃薯花的作料可根据自己喜好随意搭配，马铃薯做法多样可以常吃。

【香蕉酱吐司面包】

[材料]

香蕉、花生酱、吐司面包。

[制作方法]

1. 将香蕉去皮，果肉压成泥。
2. 将香蕉泥拌入花生酱中，搅拌均匀。
3. 将搅拌好的香蕉花生酱涂在吐司面包上即可。

营养分析 >>

香蕉中含有较丰富的碳水化合物、糖分和蛋白质、维生素，其味甘、性寒，可生津止渴、润肺滑肠，尤适合便秘患者，香蕉含钾丰富，可预防和辅助治疗高血压。最近有研究表明，香蕉还可促进大脑分泌内啡肽化学物质，缓解抑郁和不良情绪。

温馨提示 >>

虚寒体质、腹泻便溏者不宜食用香蕉。

【玫瑰珍珠汤圆】

[材料]

玫瑰花、白糖、珍珠汤圆。

[制作方法]

1. 玫瑰花摘下洗净晾干。
2. 将晾干的玫瑰花撕成小片，撒上白糖拌匀放入容器中，密封 3 ~ 7 天。
3. 上锅注入清水烧开，下入珍珠汤圆煮熟，再下入蜜饯好的玫瑰花搅拌均匀即可食用。

营养分析 >>

玫瑰花有行气、活血、收敛作用，还有美容养颜的功效，对治疗面部黄褐班、痤疮、粉刺有一定作用，可使面部肌肤光滑柔嫩，艳丽夺目。

温馨提示 >>

因玫瑰花有收敛作用，便秘者不宜过多饮用，孕妇应避免服用玫瑰花茶。

【蜜饯金橘饼】

[材料]

金橘、白糖、麦芽糖、食盐。

[制作方法]

1. 金橘洗干净滤干水分，用小刀在金橘身上划 5 ~ 6 条深线，放入盆中。
2. 将食盐撒在金橘上拌匀，放置过夜至腌出酸水，将腌出来的酸水倒掉。
3. 将白糖和麦芽糖放入盆中，再加清水放到灶上使用微火边搅拌边熬煮。
4. 待到麦芽糖全部溶化将金橘加入，搅拌均匀后继续小火熬煮，中间不时翻搅均匀，直到金橘半透明时就可以关火，盖上盖子静置到第二天。
5. 用滤勺将浸泡好的蜜金橘沥干取出。
6. 每一个蜜金橘用手压扁成花形，表面蘸上一层细砂糖，放入筛上晒干。
7. 将晾干的金橘再度在表面蘸上一层细砂糖，直接将蘸满糖的金橘饼放入冰箱中自然干燥 1 ~ 2 天，放密封罐中放冰箱保存即可。

营养分析 >>

金橘果实含丰富的维生素 A 和维生素 C，可预防色素沉淀、增进肌肤光泽与弹性、减缓衰老、避免肌肤松弛生皱。金橘更能理气止咳、健胃化痰，金橘中的维生素 P 是维护血管健康的重要营养素，能强化微血管弹性。

【龟苓膏】

[材料]

龟苓膏粉、蜂蜜。

[制作方法]

1. 上锅注入清水烧开，待凉成温水倒入龟苓膏粉搅成糊状。
2. 另置一锅放水烧开，将糊状的龟苓膏粉徐徐倒入，边倒边搅拌直至完全溶解。
3. 将搅拌好的龟苓膏装入碗内，放凉后入冰箱冷藏，吃时淋上蜂蜜即可。

营养分析 >>

龟苓膏含有多种氨基酸和活性多糖，低热低脂低胆固醇，具有清热解毒、养阴去湿的功效。虽然味道略带苦涩，但可以分解人体内的毒素，还可治疗暗疮等肌肤病。

温馨提示 >>

生理期的女性、体质虚弱和脾胃虚寒之人最好少食龟苓膏。